U0259012

老年教育系列教材

组 编

安徽老年开放大学

安徽老年教育研究院

老年教育系列教材

老年安全常识120条

高开华 / 主编

中国科学技术大学出版社

内 容 简 介

本书介绍了老年安全的基本常识，共120条，分12个方面即饮食安全、养生安全、居家安全、日常安全、走路安全、乘车安全、驾车安全、旅行安全、校园安全、上网安全、健身安全、心理安全，提醒每一位老年人要充分重视自身的安全，这对家庭、对社会、对政府都是好事。本书内容通俗，文字简短，适合各级各类老年大学（学校）进行安全教育，也可面向社会供老年人阅读。

图书在版编目（CIP）数据

老年安全常识120条/高开华主编.—合肥：中国科学技术大学出版社，2021.8
老年教育系列教材
ISBN 978-7-312-05125-8

Ⅰ.老…　Ⅱ.高…　Ⅲ.安全教育—老年教育—教材　Ⅳ.X956

中国版本图书馆CIP数据核字（2020）第269646号

老年安全常识120条
LAONIAN ANQUAN CHANGSHI 120 TIAO

出版　中国科学技术大学出版社
安徽省合肥市金寨路96号，230026
http://press.ustc.edu.cn
https://zgkxjsdxcbs.tmall.com
印刷　安徽国文彩印有限公司
发行　中国科学技术大学出版社
经销　全国新华书店
开本　787 mm×1092 mm　1/16
印张　8
字数　74千
版次　2021年8月第1版
印次　2021年8月第1次印刷
定价　39.00元

前　言

《老年安全常识120条》是一本为老年人服务的通俗读物。

该书缘起于2020年,这是个特殊的年份,也是令人难忘的一年。

全球面临抗击新冠肺炎的巨大考验。新冠肺炎感染者超千万人,被夺去生命的超五十万人。在这触目惊心的数字中老年人占有一定比例。中国在突如其来的严峻考验面前,按照习近平总书记坚定信心、同舟共济、科学防范、精准施策的要求,军民团结,众志成城,打赢了抗击新冠肺炎的阻击战,将疫情的危害和风险降到最低。抗击新冠肺炎的决定性胜利充分展现了中国共产党领导下的政治优势、体制优势;充分彰显了在人类命运共同体中的中国经验和大国担当。疫情减轻之后,引发了人们很多思考。对于老年人来说,要更加重视健康、更加珍爱生命、更加保护自己、更加关注安全。

本书有明确的编写目的，就是想提醒每一位老年人看重自身的安全。老年人安全是头等大事。俗话说：平安就是福。人老了，图的是平安、快乐和幸福。什么是平安？平安就是没有事故，没有危险，平稳安全。语本《韩非子·解老》载："人无智愚，莫不有趋舍；恬淡平安，莫不知祸福之所由来。"人老了，是生命规律，是自然规律，不可抗拒。当人步入老年后，也许会问自己：我老了！我老了吗？我真的老了！世界已进入老龄社会，中国也不例外。家家有老人，人人都会老。老年人是弱势群体，须靠家庭照顾，靠政府关心，靠社会帮助。但是，老年人不要忘了自我学习、自我防护、自我珍惜、自我适应。只有学会学习、学会防护、学会珍惜、学会适应，才会在步入老年后的美好人生中没有事故或减少事故，没有危险或减少危险，平稳安全，平安快乐。老年人自身平安健康，是自己的福气，对家庭、对政府、对社会都是好事。

本书介绍老年人安全的基本常识。内容通俗，文字简短，适合各级各类老年大学（学校）进行安全教育，也可面向社会供老年人阅读。全书共分为12个方面：饮食安全、养生安全、居家安全、日常安全、走路安全、乘车安全、驾车安全、旅行安全、校园安全、上网安全、健身安全、心理安全。12个方面的内容点到为止，配有少量插图。书中部分内容源于相关书籍、资料、网站等，所列参考书目中如果有疏漏的，在此表示歉意并致以感谢！由于编者的知识面有限，再加上时间仓促，书中或有不妥之处，敬请谅解，欢迎指正。

编写的过程也是学习的过程。老年人的读物一般要求内容少而精、字体大而正、插图美而亮。本书试图做一次尝试。高翔、郭川帆参与了本书的资料收集整理工作，陆磊参与了部分章节的资料收集整理工作。本书的编辑出版得到了安徽省开放大学、安徽老年教育研究院、中国科学技术大学出版社的支持和协助，在此一并致谢。

高开华

2020年6月

目　　录

前言 ……………………………………………………………………（ i ）

饮食安全“十要” ……………………………………………………（ 1 ）

养生安全“十不” ……………………………………………………（14）

居家安全“十不” ……………………………………………………（25）

日常安全“十不” ……………………………………………………（32）

走路安全“十要” ……………………………………………………（39）

乘车安全“十不” ……………………………………………………（45）

驾车安全“十要” ……………………………………………………（50）

旅行安全“十要” ……………………………………………………（55）

校园安全“十要” ……………………………………………………（60）

上网安全“十不”……………………………………………………………（66）

健身安全“十要”……………………………………………………………（76）

心理安全“十要”……………………………………………………………（92）

附录一　老年人膳食指导 ……………………………………………（100）

附录二　常用标志 ………………………………………………………（108）

附录三　常用应急电话 ………………………………………………（116）

参考文献 ………………………………………………………………………（117）

饮食安全“十要”

1. 要了解老年人需要的营养要素

老年人平时不可偏食，要均衡摄入营养，以保障身体健康。老年人所需的营养要素有以下六大类。

（1）碳水化合物：是供给人体能量最经济的食物，实质上就是一些糖类，可分为多糖、双糖和单糖等。常见的碳水化合物的摄入来源主要是主食，如米饭、面条、面包等等。薯类和豆类食物中也含有很多碳水化合物。

（2）蛋白质：是人体生命的物质基础，是构成人体组织的重要部分。没有蛋白质就没有生命。人体内存在着许多与生命活动有关的活性物质，如酶、抗体、激素等，这些都是由蛋白质或蛋白质的衍生物构成的。蛋白质的主要来源是肉、蛋、奶和豆类食品。

（3）脂肪：确切地说是脂类。常温下为液体的脂类被称为油，常温下为固体的脂类被称为脂肪。脂类的主要功能是产生热量、保持体温。日常生活中一般吃的是中性脂肪，又称甘油三酯，如油等。

（4）微量营养素：包括无机盐和微量元素，主要是一些矿物质，之所以被称为微量营养素，是因为人体对它们的需要量不大，但它们却是人体所不可缺少的。微量营养素的主要来源是牛奶、豆类、鱼类、粗粮、绿叶蔬菜、虾仁、虾皮等。人体内易缺乏的微量元素有钙、铁、锌、碘、硒等，老年人要有意识地去补充。

（5）维生素：比较重要的脂溶性维生素有维生素A、D、E。缺乏维生素A易得夜盲症；缺乏维生素D易得佝偻病；维生素E则是一种很好的抗氧化维生素，有利于抗衰老、抗氧化。比较重要的水溶性维生素主要是B族维生素和维生素C。B族维生素中容易缺乏的是维生素B1，主要存在于豆类和瘦肉里；再就是维生素B2，主要存在于动物的内脏里。维生素C的作用是抗氧化，如果人体缺乏维生素C，血管就会变脆（表现为身体稍被碰就出血、牙龈易出血等），人体抵抗力也会下降。

（6）水：水是人体六大营养要素之一，是人体原生质的重要组成部分。大体而言，成人体重的60%是体液，人体新陈代谢中绝大部分生化反应是以水为媒介的。水是代谢物，水是“润滑剂”，水也是营养素。老年人每天饮水2000毫升可基本满足需要。

2. 要掌握老年人的膳食要求

老年人膳食应注意的基本要求是多方面的。

（1）易消化。老年人的消化机能、咀嚼机能逐年减弱，因此选择和摄入的食物必须易消化。

（2）有营养。从补充热量、蛋白质、维生素、微量元素等方面考虑，老年人要防止营养不良。一些速溶的方便快餐食品要少去食用。

（3）饮食清淡。① 要低脂少盐。高胆固醇的食物、过咸的食物，老年人都不宜食用。科学研究表明：人体从饮食中摄入盐的多少是钙排出量的主要决定因素，即盐摄入量越多,尿中钙的排出量就越大,而且人体摄入盐越多,对钙的吸收能力就愈差,少食盐就相当于多补钙。② 要少吃甜食,防止脂肪增高。③ 要注重酸碱平衡,增强胃肠消化吸收能力。

(4) 品种多样化。饭菜品种多样化能保证老年人有足够的营养。老年人易患消化道疾病以及常常感觉腿疼、筋骨痛等,与营养不良是有密切关系的。要不偏食、不挑食,粗粮细粮搭配吃,学会吃出营养、吃出健康、吃出快乐。

(5) 养成良好的饮食习惯。老年人的饮食习惯很重要,良好的饮食习惯有四条:一是按时用餐,二是细嚼慢咽,三是节制饮食,四是少食多餐。习惯成自然,养成良好的饮食习惯,有利于老年人的身体健康。

(6) 愉快进餐。情绪不良时进餐,不仅吃进去的食物不能被很好地消化、吸收,起不到应有的营养作用,还可能引起消化不良、胃炎等疾病。老年人吃饭时要做到不教育孩子、不看手机和电视,以免引起呛咳等意外。另外,还要注意饭前洗手,使用公筷,文明用餐,愉快用餐。

3. 要选择安全食品

安全食品是指没有农药残留、没有污染、无公害、无激素的安全、优质、营养类食品。常见的食品主要有三类:① 无公害农副产品。此类产品有认证证书,产品的重金属含量和农药残留量符合规定的标准。② 绿色食品。这是指无农药残留、无污染、无公害、无激素的安全、优质、营养类食品。这些食品的包装上都有统一格式的绿色食品标志,有效期一般为3年。③ 有机食品。这是安全级别最高、最安全的食品。

《中华人民共和国食品安全法》规定,预包装食品的包装上应当有标签。标签应当注明下列事项:名称、规格、净含量、生产日期;成分或者配料表;生产者的名称、地址、联系方式;保质期;等等。在国内市场销售的进口食品,必须有中文标签。

购买禽肉制品时要用看、嗅、摸的方法鉴别其新鲜程度,应选择色泽鲜明、无异味、有弹性的产品。购买水果时应选择果皮清洁、无压伤、无腐烂、果色新鲜的。购买预包装食品时要看食品标签是否齐全,特别是要看清楚食品的生产日期和保质期。

4. 要妥善保存食品

妥善保存食物是饮食安全的需要，重点要注意以下三点：

(1) 用无毒塑料袋装食品。塑料袋有无毒和有毒两种。无毒塑料袋手摸时有润滑感，轻柔透明，燃烧时火焰为蓝色，有石蜡味，像蜡烛燃烧一样滴落黏液。无毒塑料袋可以盛装食品。有毒塑料袋手摸时发黏，比较结实，不易燃烧。有毒塑料袋不能盛装食品。

(2) 存放粮油制品要安全。粮食和粮食制品在家里存放时要注意防潮、防霉、防鼠、防虫，应当放在阴凉、通风、干燥的地方。食用油应该放在干净的玻璃瓶内，不能在塑料桶内长期存放，以免塑料和油长时间相互作用，产生有害物质。

(3) 冷藏食品要达到保洁、保鲜、保质的要求。冰箱、冰柜要定期清洁干净，防止污染。放入冰箱、冰柜的新鲜食品经过一定的清洁卫生处理后，要用保鲜袋、保鲜纸封闭。冷藏剩饭、剩菜最好不超过24小时。用冰箱、冰柜保存食物时，要注意生熟分开。在市场购买的食品一定要按照食品标签的要求冷藏。经过化冻的肉类、鱼类等食物，不宜再放入冰箱、冰柜保存，因为化冻后的食物会再次受到污染。食物不宜在冰箱、冰柜放太长时间。冰箱、冰柜不是保险箱，有的细菌专门喜欢生活在低温寒冷的环境下，因此食物在冰箱、冰柜里放久了，也会变质，吃了冰箱、冰柜中污染、变质的食物就会引起疾病。

5. 要记住专家的建议

全国著名心血管病专家洪昭光教授总结出文明健康的生活方式是四句话十六个字：合理膳食，适当运动，戒烟限酒，心理平衡。民以食为天，合理膳食是第一位的，怎样才算是合理膳食？洪教授总结出两句话：第一句是“一、二、三、四、五”；第二句是“红、黄、绿、白、黑”。

“一”是指每天喝一袋牛奶或酸奶。

“二”是指每天摄入250-350克碳水化合物，相当于吃6-8两的主食。

“三”是指每天吃三份高蛋白食物，也就是既不能光吃素，也不能光吃肉，蛋白不能太多也不能太少，三份到四份就好。一份高蛋白食物可以是瘦肉50克，或鸡鸭100克，或鱼虾100克。

“四”是指“有精有细不甜不咸，三四五顿七八分饱”。粗细粮搭配，营养最合适，七八分饱是延年益寿的有效方法。

“五”是指每天吃500克蔬菜和水果。多吃新鲜蔬菜和水果是预防癌症的最好方法。

“红”是指每天吃一个西红柿，少量喝点红葡萄酒。

“黄”是指补充维生素A，多吃胡萝卜、西瓜、红薯、老玉米、黄瓜等含维生素A最多的蔬菜。

“绿”是多饮绿茶。饮品里茶是最好的，茶中以绿茶最好。喝茶能减少动脉硬化、减少肿瘤、延年益寿。绿茶中含有一种抗氧自由基的东西，延缓衰老。

“白”是指燕麦粉、燕麦片。吃燕麦粥可降胆固醇、降甘油三酯，通大便，对老年人健康有益。

“黑”是指黑木耳。常吃黑木耳可以降低血黏度，一天5-10克就行。这是经过科学实验证明了的。

6. 要吃七八分饱

老年人吃饭不能吃得太饱,只要七八分饱就行,这是延年益寿的关键。中医有句名言:“若要身体安,三分饥和寒。”吃饭七八分饱的意思是说当你离开饭桌时意犹未尽,还想吃,还有食欲,但你要控制自己。进食过量会使胃功能下降,造成血管慢性病变。

老年人不仅不能吃得太饱,还要注意不能吃得太快,不能吃得太烫。吃得太快不利于消化,吃得太烫损伤消化道黏膜。吃得太快和太烫,时间一长就容易引起炎症和癌变。老年人用汤泡饭的习惯也不好,吃泡过的食物,容易没有充分咀嚼食物就下咽,使其很难被消化吸收。

7. 要防止吃出病来

老年人不能常吃的食品有:① 油炸类。常吃油炸食品可增加患癌风险。② 熏烤类。熏烤物有大量的多环芳烃,是一类具有致癌作用的化学物质。③ 腌渍类。腌渍食品一般含盐量高,容易引起胃肠道疾病。④ 酱制品。酱制品含盐量高,多摄入会加重心脏和肾脏的负担。⑤ 动物内脏。

这类食品中胆固醇含量较高，老年人不宜多吃，特别是对高血压、冠心病人不利。⑥ 甜食类。甜食含糖量高，摄入过量对动脉硬化和糖尿病病人不利。甜食过量还可能引起肥胖和血脂增高。⑦ 冰镇类。冰镇类食品会导致胃液分泌下降，引发肠胃病，甚至诱发心绞痛和心肌梗塞。

8. 要避免长期吃素食

老年人由于热量消耗减少，食欲减退，或者出于减肥和防治高血压的目的而禁荤吃素，这样做对身体有害。

人的身体健康状况与摄入锰元素的多少有关。锰元素对于延缓人体衰老、改善骨质疏松和预防心脑血管疾病是必不可少的。植物性食物中所含的锰元素，很难为人体所吸收，而肉类食物中的锰元素则较容易被人体吸收利用。

老年人如果长期不吃荤只吃素食，容易缺乏蛋白质、脂肪和某些维生素，引起头昏乏力、营养不良、浑身不适，甚至出现驼背、骨折等疾病。因此老年人不能长期吃素食，同样也不能长期吃重荤重油的油腻食品，要荤素搭配，合理膳食。

9. 要了解百姓心仪的养生品

怎么吃才能吃出健康？2021年11月《大众医学》随刊赠送的《健康锦囊》(三十一期)，介绍了通过网上投票、电子邮件、信件、电话等调查方式，得出的最受欢迎养生品的排行榜，前20名是：① 枸杞；② 红枣；③ 山药；④ 核桃；⑤ 茶；⑥ 绿豆；⑦ 薏苡仁；⑧ 蜂蜜；⑨ 芝麻；⑩ 黄芪；⑪ 西洋参；⑫ 黄豆；⑬ 萝卜；⑭ 菊花；⑮ 百合；⑯ 姜；⑰ 蒜；⑱ 鸡；⑲小枣；⑳ 鸭。

10. 要科学健康饮水

水是生命之源，喝水可以利尿通便，调节体温，镇静解毒。凉开水是最好的饮用水。凉开水是水烧开后冷却的，近似于人体机能细胞的水，很容易被吸收。凉开水有排毒、镇静、防病作用。一天饮水的最佳时间是：早晨起床后，饭前一小时，睡前一小时。专家建议，每天清晨和晚上分别在醒后和睡前喝一杯凉开水或温开水，可以补充睡眠中的不显性出汗和分泌尿液所丧失的水分，冲淡血糖，降低血液黏稠度，扩张血管，从而预防脑血栓、心肌梗塞和尿路结石等疾病，对老年人的健康大有好处。

老年人由于肾脏收缩功能减弱，夜间尿多，会导致体内缺水，使血液黏稠，心脑血流阻力加大，易引发心脑血管病变。因而，对于老年人来说，半夜饮水也很重要，特别是有心脑血管疾病的老年人。

营养学家指出：人喝水的主要目的是补充人体每天流出的水分。一个人每天应该喝8杯水来补充失去的水分。人体通过排尿、流汗及肺部呼出水气，平均每天排出2.5升水。人体缺水就会有脱水、便秘、皮肤干燥等毛病出现，增加患上肾结石及膀胱癌的机会。

另外，发烧时，多喝开水可提高人的抵抗力，使人消

汗、多小便，除了能降低体温外，还能排除血液中的有毒物质。

老年人要少喝纯净水，不喝反复烧开的水。喝新鲜开水时不要太烫，一般以25－30℃为宜。科学饮水将使人受益无穷。

养生安全“十不”

1. 不能忘记健康标准

2013年，中华医学会老年医学分会依据医学模式从生物医学模式向“社会-心理-生物医学”模式转变的要求，制定并补充修订了我国健康老年人标准。具体特征如下：

（1）重要脏器的增龄性改变未导致功能异常；无重大疾病；相关高危因素控制在与其年龄相适应的达标范围内；具有一定的抗病能力。

（2）认知功能基本正常；能适应环境；处事乐观积极；自我满意或自我评价好。

（3）能恰当处理家庭和社会人际关系；积极参与家庭和社会活动。

（4）日常生活活动正常，生活能自理或基本自理。

(5) 营养状况良好，体重适中，保持良好的生活方式。

要记住的基本健康生活技能有：需要医疗救助时，拨打120急救电话；能看懂食品、药品、化妆品、保健品的标签和说明书；会测量腋下体温；会测量脉搏；会识别常见的危险标志，如高压、易燃、易爆、剧毒、放射性、生物安全等，远离危险物；抢救触电者时，不能直接接触触电者身体，而应首先切断电源；发生火灾时，会隔离烟雾，用湿毛巾捂住口鼻，逃生时弯腰俯下身体走或跑；会拨打火警电话119。

2. 不能忘记"四大基石"

全国著名心血管病专家洪昭光教授在《生活方式与身心健康》的专题讲座中总结的老年人的健康养生之道是：一个中心、两个基本点、三大作风、八项注意。

一个中心：要以健康为中心。健康失去了，那你什么都没了。

两个基本点：第一点是糊涂一点；第二点是潇洒一点。

三大作风：助人为乐、知足常乐、自得其乐。

八项注意：包括两个方面的内容，即四大基石——

合理膳食、适量运动、戒烟限酒、心理平衡；四个最好——最好的医生是自己、最好的药物是时间、最好的心情是宁静、最好的运动是步行。

3. 不要小看“三个半分钟”

康复医学专家的提醒和大量临床实践表明，老年人一定要注意把握好“三个半分钟”：睡觉醒来时不要马上起床，先在床上躺半分钟；起来后要在床上再坐半分钟；最后两脚下垂坐在床沿再等半分钟。经过这“三个半分钟”，不花一分钱，就可以预防脑缺血、脑中风、心肌梗塞、猝死、骨折等老年人意外病情的发生。

老年人不仅不能小看这“三个半分钟”，还要看重老年人的睡眠状况。充足的睡眠是让全身细胞得到休息的最好方式，可以消除疲劳、产生新的活力，还有助于提高免疫力，增强抵抗疾病的能力。睡眠的好坏，既要看“量”，更要看“质”。睡眠的深度、睡眠醒后的自我感觉很重要。如果老年人的睡眠很深，其睡眠时间就可适当缩短。对于老年人来说，充足的睡眠是老年养生、老年健康、老年幸福的关键所在。

4. 不要忽视日常生活能力评估

老年人应如何评估自己的日常生活能力？

专家根据研究成果，制定了一份日常生活能力评估量表，主要用于评定老年人的日常生活能力。请根据自己的实际情况勾选符合当前状态的选项。

日常生活能力评估量表（ADL）

	在符合的分数上打“√”			
	自己完成	有些困难	需要帮助	无法完成
1. 乘公共汽车	1	2	3	4
2. 行走	1	2	3	4
3. 做饭菜	1	2	3	4
4. 做家务	1	2	3	4
5. 吃药	1	2	3	4
6. 吃饭	1	2	3	4
7. 穿衣	1	2	3	4
8. 梳头、刷牙等	1	2	3	4
9. 洗衣	1	2	3	4
10. 洗澡	1	2	3	4
11. 购物	1	2	3	4
12. 定时上厕所	1	2	3	4
13. 打电话	1	2	3	4
14. 处理自己的财务	1	2	3	4

测试结果解释:主要统计量为总分和单项分。

总分得分为最低分14分,说明测试者日常生活能力完全正常;得分大于14分,说明测试者有不同程度的功能下降,最高得分为56分。

单项分中,1分代表正常,2-4分代表功能下降。凡有2项或2项以上单项分≥3,或者总分≥20,则表明测试者有明显功能障碍。

5. 不要轻视自我健康评价

老年人应如何进行自我健康评价?可对照下面列出的五个方面的指标进行自我评价。

一看是否保持积极心态。要乐观豁达,遇事不慌,学会在各种环境下处理问题。少生气、不发怒,保持心情愉快,情绪稳定,怡然自得,知足常乐,助人为乐。

二看是否保持接触社会。可以通过继续学习、陪伴家人以及与人交往等方式,摆脱空虚感和孤独感。还可以通过参加社区或老年大学举办的活动来丰富生活,多与社会接触。

三看是否保持生活热情。可以根据自己的爱好和条件,选择学习琴、棋、书、画或参与栽花、养鸟、钓鱼、体育锻炼等活动,培养对生活的热爱,体验人生的乐趣。

四看是否保持和谐关系。与家庭成员之间关系和睦，与邻里之间、亲朋好友之间、原所在单位的同事之间和谐相处。顺应退休后的角色转变，适应老年生活，保持性格开朗，能够进行自我调节。

五看是否保持精神健康。老年人的精神状态最重要。要避免孤独，防止抑郁和焦虑，增强情感控制力，增强生活幽默感，增强机体协调性。

6. 不要自我封闭

老年人不要自我封闭。虽然年龄大了，但不能脱离社会，不能没有交往。老年人的人际交往要注意以下几个方面：

一要注意主要交往对象。老年人的交往对象主要来自家庭、同事、亲友、社区、学校。家庭是老年人的主要社交圈，同事、亲友是传统社交圈，社区、老年学校则是新的社交圈。

二要注意人际交往的忌讳。老年人的人际交往要防止居高临下，防止过度怀旧，防止喜怒无常，防止自卑多虑。

三要注意人际交往的技巧。多换位思考，尊重他人；多耐心倾听，不随意打断和纠正别人的讲话；多表扬鼓励，不吝啬对他人的赞美之词，对家人和年轻人用欣赏的眼光多鼓励、多表扬；多宽容善待，用温和与理解的心态对待人和事；多用建议语气，不居高临下，不倚老卖老。

7. 不要忽视养生“六忌”

一忌久坐。久坐会使血流不畅，体脚发麻。如久坐看书、看电视、打牌、下棋等，易使眼睛疲劳、耳蒙、头晕、心悸、失眠等。

二忌久立。久立伤骨。久站不动，会使血液回流不畅，易引起踝部浮肿和小腿静脉曲张。

三忌过劳。疲劳过度伤脾气，劳则气耗，久思心劳，器官过劳，气血得不到涵养。

四忌过怒。怒甚伤肝，且使阴血亏耗。

五忌多欲。肾为精之府，房事过多，肾必虚。老年人一定要以节制房事为先，凡未老先衰者都是由于肾精不足。

六忌多饮。多饮酒特别是醉酒对身体伤害很大，酒多伤肝伤神。各种饮料也不宜多饮，有的添加了防腐剂、有的对胃肠道有刺激，特别是冷饮对老年人来说一定要少吃或不吃，防止病从口入。

8. 不要慢待老伴

老年人夫妻关系要怎么调适？

夫妻是陪伴一生的挚友，更是贴心的亲人；夫妻恩爱、白头偕老是一件令人羡慕的事情。然而夫妻之间难免会出现争执，学会调适夫妻关系对老年人的幸福生活至关重要，调适的主要方式可以简略地概括为十个互相：互相欣赏、互相了解、互相尊重、互相关怀、互相帮助、互相体谅、互相商量、互相学习、互相回忆、互相祝福。

一日夫妻百日恩，少年夫妻老来伴。家常饭香粗布衣，知冷知热是夫妻。要善待老伴、敬重老伴。

9. 不要干涉子女

子女已经长大，有的已经有了自己的家庭和事业。老年人应更多地尊重子女的生活，减少家长式的指导。

一是尊重子女。一代人有一代人的想法和追求，要尊重子女的想法，不过多干涉子女的事情。

二是相信子女。相信子女有足够的能力解决复杂疑难问题。

三是理解子女。子女有子女的学习、工作和家庭，老人要充分理解，不需要让子女围着老人转。

四是关心子女。关心子女的家庭是否和谐，关心子女的学习和工作是否勤奋与廉洁，关心子女是否继承了好家风。

五是帮助子女。在力所能及的范围内，主动帮助子女做些事情，减轻他们的家庭负担。

10. 不要和自己过不去

老年人要讲究生活质量，不要和自己过不去，不要放不下很多事情。

一是不要太看重。人老了是自然规律。在同事、熟人面前，在子女、亲戚面前，要放下架子、放下身份、放下心态，不要过分看重自己。要看重他人、看重子女、看重老伴。

二是不要太节俭。吃、穿、用不能太抠，也不能太过。该吃的吃、该穿的穿、该花的花，享受生活，享受人生。

三是不要太滞后。时代发展很快，对交通、通信、网络等现代生活方式要尽快适应。落后于年轻人是正常的，但不能太滞后了。老年人太滞后、太落后容易与社会“脱钩”。

四是不要太痴迷。对一些学习、娱乐项目，不能太痴迷，沉浸时间太久会影响身心健康。

五是不要太敏感。对钱和物不能太敏感，对别人的眼光和看法不能太敏感，对晚辈的事不能太敏感，对自己身体的病痛不能太敏感。该放下时要放下，该开心时要开心。

夕阳无限好，不怕近黄昏。高开华创作了歌曲《最美夕阳红》，歌词是这样写的：

最美夕阳红，
服务新时代，
我们有作为。

最美夕阳红，
学习新知识，
我们有进步。

最美夕阳红，
享受新生活，
我们有快乐。

居家安全“十不”

1. 不要轻易开门

若有陌生人敲门，坚决不开门；若遇上门推销者，可婉拒；若需要别人上门维修服务，可事先约定时间和检查来者证件，并有家人和熟人陪伴；若有人以同事、朋友或亲戚的身份要求进门，不能轻信；不是很熟悉的人，不要轻易带回家。

2. 不要把重要证件集中存放

银行卡、存折、身份证、退休证、老年证、公交卡等重要证件及贵重物品在家里要分散放置。既不要把它们集中放在一个包里，以防一起被偷，也不要集中放到抽屉或柜子里，因为盗窃分子一进入室内就会直接翻找这些地方。另外，为了防止被盗，家里也不要过多地放置现金，随身携带的钱包里也要少放现金；出门时，不必多带现金，带的现金只要够花就可以了。

3. 不要忽视对家中保姆进行安全教育

老年人家中请的保姆，要查验其身份证、健康证，找可靠的人和单位介绍，并到派出所申报住家保姆的暂住户口。对保姆要进行安全教育，主人不在家时不要让陌生人入室。保姆离开时将工资及时结清，收回门锁钥匙，最好换新锁。主人与保姆之间要相互尊重、和谐相处，发现可疑和不轨，切忌搜身和搜行李，以防授人把柄，可向警方报案。如不称心想辞退，应及时告知，结清工资，说明原因，以避免产生不必要的矛盾和纠纷。

4. 不要向失火电器泼水

老年人在家里如遇电视机之类的电器着火，应马上拔掉电源插头，用地毯或湿棉被等物将电器盖住。这样既能阻止烟火蔓延，又可防止万一电器爆炸后荧光屏等玻璃碎片伤人。扑救时应站在电视机侧面，最应注意的是不能向失火的电视机或其他电器泼水，也不能使用任何灭火器，因为泼水会使温度突然降低导致炽热的显像管爆炸，甚至有可能漏电。

5. 不要随便使用电热毯

老年人在冬季使用电热毯御寒取暖，要注意三点：一是肺结核、支气管扩张病人不宜使用，否则会导致扩张血管，加重病情。二是高龄老人和中风病人不宜使用电热毯，否则易造成烫伤。三是有过敏体质的人不宜使用。

除以上三种情况外，老年人如果使用电热毯，要提前预热，睡下时要立即关掉电热毯的电源开关；要适当增加饮水量；一旦发现有因使用电热毯而导致的皮炎症状，应立即停止使用电热毯。

6. 不能乱丢烟头

老年人对小小的烟头决不可麻痹大意，掉以轻心。据测定，燃着的烟头表面温度达200-300℃，中心温度能达到700-800℃，而一般可燃物质的燃点都在这两个温度之下，如棉花为150℃，纸张为130℃，布匹为200℃，松木为250℃，涤纶纤维为390℃，麦草为200℃等。当烟头的火源与这些可燃物接触时，很有可能会引起燃烧；遇到易燃气体和液体时就会引起燃烧、爆炸。日常生活中，特别是独自在家的老年人，不能躺在沙发或床上吸烟，不能乱扔烟头。如果吸烟后未将烟头熄灭，一旦因此引起火灾，就会危及生命财产安全，后果不堪设想。

7. 不能忘记关闭灶具阀门

无论是天然气、煤气或是液化气，在使用完毕后要及时关闭阀门。用气时不离人，使用完要及时关闭。如果外出，需在外出前仔细检查灶具开关并确认其安全关闭后才能出门。要严格遵守安全用气的要求，有紧急情况拨打专用电话求助。

8. 不能浪费火灾时宝贵的逃生时间

在家中遇到火灾时，不要为了穿衣或寻找贵重物品而浪费时间，一定要稳定情绪，迅速自救。可用湿毛巾、口罩等捂住口鼻，立即离开危险区。或敲打锅、盆等进行呼喊求助，夜间可用手电筒发出求救信号。如果身上的衣服着火了，千万不能拔腿乱跑，这样会助长火势。正确的扑救方法是能脱下就迅速脱下着火的衣服，如果不能脱下，可就地打滚把火熄灭，也可用扫帚扑打或浇水扑灭，但不宜用灭火器直接往人身上喷射。

9. 不能忘记地震时在家自救的三角空间

如果发生地震，老年人在家中既要靠外面的救助又要自救。如果是在平房里，要立刻逃到房外，外逃时用被子、枕头护住头部。如果是在楼房里，要寻找家中能形成三角空间的地方躲避，室内相对安全的地点有卫生间、厨房、储藏室等狭小空间以及承重墙（注意避开外墙）附近，要在这些地方就近蹲下、掩护好自己，同时头尽量向胸部靠拢，以保护头部和颈部，等待救援。

10. 不要忽视居家内部环境安全

老年人自己的居室要注意室内空间要开阔，家具摆放不要拥挤，摆放位置要固定，以免因反应不灵敏而不小心绊倒或磕到、撞伤。家具也不要太高，尤其是橱柜，以免不方便拿高处的物品，或因去够高处的物品而摔倒。

室内光线要明亮，房间里最好安装亮度较高的灯具，若白天室内光线暗，要开灯补光；夜间应有床头灯、壁灯或地灯等。老年人的视觉功能会不同程度地有所下降，只有光线充足了，才能方便老年人的活动。

地板应平整、防滑，房间里不要有门槛、台阶，也不要铺小块的地毯，防止老年人被绊倒。最好装一些辅助设施，如洗手池边、坐便椅旁安装扶手、把手等，方便老年人扶持和抓握，降低跌倒风险。

日常安全“十不”

1. 不要长时间使用手机

手机辐射是否危害人体健康，一直存在争议。为防患于未然，建议老年人不要长时间使用手机。手机主要用来进行简短的应急通话。每天使用手机通话的时间最好不要超过20分钟。在拨号时手机最好不要急于贴近耳部，在休息时手机最好不要放在枕头边上，以减少手机电磁波辐射。

2. 不要长时间看电视

专家经长期研究后发现，长期长时间看电视对人的健康有害，容易使人神经衰弱、睡眠差，并容易患上颈椎病，出现偏头痛、腰酸背痛等症状。老年人看电视时应注意与电视机保持适当的距离，电视要摆放在适当的高度，在适当的时段看适当的节目。看电视时要注意坐姿，注意适度饮水，注意灯光既不要太亮也不要太暗。

3 不宜长时间使用电脑

长时间使用电脑，会使老年人出现头晕、眼花、腰疼、全身酸痛等症状。连续操作电脑1小时后应该休息几分钟。要注意保持正确的操作姿势，注意室内光线明暗适宜等。老年人使用电脑上老年大学、看节目、玩游戏，都要以人的安全为上、轻松为本。

4. 不宜长时间待在空调房间

夏天和冬天开空调时要注意：一是老年人不要长时间停留在空调房间内，防止受凉患病。二是要调节好室内外温差，室内外温差在3-4℃时，比较适合老年人。三是要定时打开门窗通风，更换新鲜空气。四是在空调房间里不要吸烟。

5. 不要忘记住宅小区里的安全防护

第一，要防跌倒。在小区走路或散步时，尤其是在上下班时段，要注意小孩跑来跑去容易撞到人，或者行车、倒车时可能会磕碰到人，自己开车时也要小心。

第二，注意锻炼的安全性。对小区内运动场所所设置的锻炼器材，要选择适合自己力量与幅度的，千万不要因为同年纪的人使用什么器材也逞强去使用，以免锻炼时受伤。

第三，要有治安防护意识。出门时要锁好门窗，进出楼道要随手关好楼道的门，不要轻易为陌生人开启门禁。

第四，注意用电安全。不要从家里拉出插座来为自己的电动车等充电，要到小区指定的停车处去充电。

6. 不要在电梯发生意外时强行开门

在电梯正常运行的情况下，没有到达指定的楼层不要强行开门，特别是碰到电梯发生意外时，更不要强行开门，以免带来新的危险。遇到电梯发生意外时不要惊慌，应做到：

第一，不要强行开门，不得撬、砸电梯轿厢或攀爬安全网。

第二，通过电梯轿厢内的提示方式，如警铃、对讲系统告知救援单位和人员。

第三，通过移动电话告知救援单位和家人。

第四，拍门呼喊或脱下鞋子用鞋子拍门。

第五，与电梯门保持一定距离，做屈膝动作，减轻电梯坠落时急停对身体造成的危害。

第六，稳定情绪，保存体力，等待营救。

7. 不宜急速上下楼梯

老年人平时上下楼梯时千万不要走太快了。上楼时，一定要脚掌整个都踩在台阶上，站稳了，再迈开另一条腿，避免只是前脚掌踩在台阶上而易后仰摔倒。腿脚特别不灵便的老年人上下楼梯，最好手扶着扶手慢慢走，等双脚都踩在同一个台阶上再走下一步。在头晕的情况下，千万不要急着走楼梯，先休息一会儿，感到自己头不晕了再继续走楼梯。

8. 不要小看“安全卡”

老年人独自一人在家特别是独自一人外出时，最好随身带有一张“安全卡”。万一发生了意外情况，这张卡可给予老人最迅速最准确的救援和帮助。目前虽然没有统一的“安全卡”发给老年人，但老年人可以自制一张“安全卡”，上面写清楚姓名、家庭地址、电话，主要亲属姓名、联系电话，本人患有何种疾病、对何种药物有过敏史，急救药放在身上何处、急救药的用量等。

请记住，在家时“安全卡”要放在固定的醒目处或带在身上，外出时一定要随身携带这张“安全卡”，让它成

为你人身安全的守护神。

9. 不要被歹徒盯上

老年人在家和外出时都要防止自己被歹徒盯上。与陌生人交谈时要提高警惕；不接受陌生人的礼物和邀请；不搭乘陌生人的便车；不在地摊上、马路边看兜售物品的热闹，不为骗子的花言巧语所动；提防在街上主动为你服务的人；在偏僻的街巷和黑暗的地下通道要快速行走，尽快离开；在公园散步和锻炼既不能太早也不能太晚，更不能去太偏僻的地方；上市场、商场购物，只带够花的钱，不要当众点钱，不要露富；出门时要衣着朴素，神情自若，随时注意周围是否有可疑人士跟踪或注意你；到家之前要提前准备好钥匙，迅速开门进屋并关门，防止被藏匿的坏人跟踪。若遇到飞车抢夺，不要与歹徒生拉硬夺，避免身体受到伤害；若发现被跟踪，要迅速向居民区、商店等人多地带转移；若被纠缠或袭击，切记保命勿保财，可用扔皮包、钱包等方式甩掉歹徒，迅速逃跑。

10. 不能盲目相信广告

现在广告门类繁多，出现在大街上，在小区里，在电视、手机、网络、报纸、车身等各种载体上，令人眼花缭乱。老年人一定要防止被广告误导。一是不盲目相信保健品广告；二是不盲目相信借贷融资的广告；三是不盲目相信降价甩卖的广告；四是不盲目相信购物返现的广告；五是不盲目相信免费试用、试穿的广告；六是不盲目相信低价组团的旅游广告。一旦被广告误导，容易上当受骗，轻则损失钱财，重则对人身安全造成危害。

走路安全“十要”

1. 要注意穿着

走路时穿的鞋最好选择舒适、防滑、适宜户外活动的专用鞋。在雾、雨、雪天，最好穿色彩鲜艳的衣服，以便于路上机动车司机提前发现目标，提前采取安全措施。夜晚出行时最好穿浅色衣服，还可以在衣服、书包或者背包上别一个荧光或者可反光的小饰物，以便在昏暗的光线下能够被人识别。走路时衣物等的穿戴要宽松合体，冷暖适宜，根据季节及时更换，而且衣服的颜色和款式要有活力、不老气。

2. 要遵守交通信号

牢记“珍爱生命，出行平安”的警示，严格遵守交通安全法律法规。通过交叉路口时，要自觉遵守交通信号的指示；横穿马路时，一定要看好信号灯的指示，同时看好道路两边有没有机动车通过，不在车前或车后急穿马路。

3. 要走人行道

人行道是指在道路两侧专门供行人行走的区域。在有人行道的地方，一定要走人行道；在没有专门划出人行道的道路上，行人应当靠路边行走。

4. 要走斑马线

行人走在道路上最容易发生危险的情形是横穿道路，因为横穿道路时，容易与道路上行驶的机动车辆发生冲突。为了保证行人横穿道路的安全，道路上划有专供行人横穿道路的人行横道，俗称斑马线。法律规定，在无红绿灯的情况下，汽车在行驶过程中，遇到有斑马线的路段，应当减速慢行；遇到有行人从斑马线上横穿道路时，汽车应当停下来让行人先过。因此，一定要在人行横道上也就是斑马线上横穿道路。如果有过街天桥或隧道，走天桥或隧道是最安全的。

5. 要观察道路上来往车辆

在没有人行横道的路段上横穿道路时，应当注意观察道路上来往车辆的情况，在确认安全后，方可直行通过。不要在车辆临近时突然加速横穿，也不要在横穿道路时倒退或者折返回来。切忌看一步走一步，站在道路中间的车流中是非常危险的，因为司机变线时根本看不到你站在车道线处。

6. 要主动避让车辆

在没有交通警察指挥的路段，要学会主动避让机动车辆，不与机动车辆争道抢行。在没有划人行横道的地方横穿道路，更要特别注意避让来往的车辆。避让车辆最简单的方法是：先看左边是否有车来，确认没有车来再走入车行道；再看右边是否有来车，没有来车时就可以安全横穿道路了。超高、超长型车辆肇事时对人的伤害最大，路遇时，应远离此类车辆。

7. 要遵守规定的行走路线

老年人在横穿道路时，要走规定行人走的道路，千万不要跨越或倚坐绿化花坛、铁栅栏等道路隔离设施。切记不能跨过或穿越道路中心的绿化花坛，也不能翻越铁栅栏，防止被行驶的汽车撞上。

8. 要专心行走

行走时要专心，注意察看周围情况，不要东张西望看风景、看街景，不要边走边看书报，更不要边走边打手机，以避免撞到人与车。即使走在人行道上也要专心，因为人行道也不是绝对安全的地方，时常能看到有突如其来的摩托车和电动车也行驶在人行道上。走到路况复杂的道路时更应引起高度重视，如在十字路口、有地下通道的路口，应做到“左看、右看、再左看”，专心行走，确认安全才通过。

9. 要防止意外事故

在路边行走时，要注意路边的停车动态，小心因车内的人突然开门而被撞倒；小心摩托车、自行车、三轮车从身体后方突然向前冲撞过来；小心街道两旁和建筑工地有物体突然坠落。

在城市街区道路上行走时，要遵守交通规则，注意观察安全警示标志，遇恶劣天气和危险路段，一定要谨慎小心，防止意外事故的发生。

10. 要防上当受骗

在行走的路上，遇到叫卖促销、看相算命、棋牌破局、拾到钱物、装病装残疾等情况，不围观、不参与，防止上当受骗。有不法之徒常常利用老年人的热心和善良，在手绢或问路纸条上洒上麻醉物品，企图将老年人麻醉而伺机抢夺其财物；有的以问路为幌子通过闲聊，套出老年人的家庭地址后，盗走钥匙到其住宅大肆行窃。所以，遇到有可疑人问路时，不要和对方靠得太近，特别是在偏僻的地方，说话要简短，话说完就走。

乘车安全“十不”

1. 不骑车或少骑车

老年人骑车，因动作灵活性降低而容易摔伤。而且在街上骑单车或电动车时，因身体需要供氧而加大呼吸力度，肺就会吸入大量有害的汽车尾气。因此，老年人需要外出时，应尽量乘坐公交车、地铁和计程车。

2. 不忘随身携带老年卡或公交卡

有些老年人当公交车来的时候会急急忙忙上车，上车之后才去找老年卡或公交卡，当车开动时，就会处于没有依靠或扶牢的状况，很容易摔倒，这很危险。所以上车前最好提前准备好老年卡或公交卡，避免上车后再慌乱寻找。

3. 不在高峰期乘坐公交车和地铁

在上下班高峰期，公交车上和地铁上往往人满为患，老年人要正确评估自己的能力和体力，在这段时间里不可以“逞强”去挤乘。人多的时候总会有一些老年人没有座位，只能站在摇晃的车厢里。如遇不得不站立的情况，一定要抓住车厢里的椅背或者抓紧把杆，不然在车辆紧急刹车或拐弯时容易摔倒。

4. 不坐“五类”车

无驾驶证和无准运资格的黑车、超员车、两轮摩托车、改造后的电动三轮车、农用车，这五类车载人行驶起来会有危险，老年人千万不要乘坐。

5. 不妨碍交通叫计程车

叫计程车时应注意：要到不妨碍交通的安全地点拦

车，并记住车牌号。进入计程车后，通常坐在司机后排，要先讲清楚目的地。到达目的地付过车费后，要记住索要乘车凭证即发票。

6. 不能不系安全带

坐计程车、轿车、面包车和大巴车时千万别忘记系上安全带。系好安全带，可以减少事故的发生。对于老年人来讲，如果不系安全带，一个急刹车使人坐不稳，或摔倒或撞到硬物上，都有可能造成骨折。

7. 不要将头和手伸出窗外

上计程车或轿车时，要先背对着车内在座椅上坐下，坐稳后，再转过身把腿收到车内，这样可以减小老年人受伤的概率，避免老年人因腿脚无力或不灵活而磕碰到或摔倒。乘车时一定不要歪着坐、横着躺，以免车辆紧急刹车时摔倒受伤。在车辆行驶过程中不要将头和手伸出窗外，以免被对面来车或路边树木等刮伤。

8. 不要在乘车途中熟睡

在车上睡觉对于应付紧急出现的情况十分不利。事实证明，在许多交通事故中，头脑清醒的旅客比昏睡的旅客采取自我保护的行为要快速，因此伤亡要轻和少。

9. 不要随意触碰应急设施

在各类车辆正常行驶过程中，不要随意开启车门，不能任意使用车厢内的应急设施，不可随意触摸车上的控制器，如车门手动按钮等。车厢内属于公共场所，禁止吸烟。在乘坐大巴车、地铁等交通工具时，要注意查看疏散、逃生设施的位置和使用方法。

10. 不能急上急下车

当车辆到站时，要等车停稳之后再上、下车。下车时也要抓紧扶手，看清台阶和路况，还要看看附近有没有过往的车辆，不要急，不能快。注意一定不要去追赶公交车，因为站台一般都设有台阶，如果不注意就容易摔倒；公交车也存在视线盲区，稍不注意就容易发生意外。

2017年9月6日，《太原晚报》刊登了太原公交三公司六车队编传的顺口溜，对文明乘车是很好的宣传。这段顺口溜是这样的：

公共汽车真繁忙，接送市民去各方。
乘车勿忘守秩序，文明礼仪不能忘。
排队上车不拥挤，遇到老弱主动让。
车辆行驶要站稳，紧抓扶手不叫嚷。
下车前要左右看，小心侧后方车辆。
过马路走斑马线，看到红灯不要闯。
安全常相伴左右，城市文明高风尚。

驾车安全“十要”

1. 看身体

老年人视力不好不能开车；服用有些药物后犯困时不能开车；身体不舒服或较疲劳时不能开车；严禁酒后开车。

2. 看天气

出行前了解一下天气情况，雨、雪、雾天气不要驾车外出，驾车出行尽可能选在天气好的白天。

3. 看证件

开车前必须检查驾驶证、行车证、通行证等证件是否随身携带。

4. 看车况

老年人开车最好选择自动挡以及座椅调节方便的小轿车一类的车型,这类车操作简单方便。开车前必须对车辆进行检查:检查车灯和转向信号灯工作是否可靠;

检查制动装置是否良好，包括对制动器、制动液面及制动尾灯的检查；检查后视镜位置是否合适；检查前照灯、后尾灯、制动灯是否正常以及车窗玻璃是否清洁；检查轮胎状况是否正常；检查车辆外露部位螺栓、螺母是否安全；观察油表显示油箱贮油情况；启动发动机，检查发动机运转是否正常，有无异响，各仪表、警告指示灯工作是否正常。

5. 看地图

出门前要对行驶路线进行了解和规划，熟悉各条线路，优选出行线路。尽量不在上下班高峰期上路；尽量不在进出城高峰期上路；尽量不在节假日高峰期上路。

6. 看驾姿

正确的驾驶姿势是安全行车的第一步，老年人正确的驾驶姿势是要保证右脚把刹车、离合和油门踏板踩到底的时候，腿还能自然弯曲；双手握住方向盘两端时，手臂微弯；安全带要高于肩部5–10厘米。

7. 看标志

上路后，在集中精力开车的同时，要随时注意路上、路边和途中的交通提示和安全标志，不违章。

8. 看车速

按交通安全要求的速度行使，不超速。在高速路上，老年人最好少开或不要开车。高速路上车多速度快，老年人反应慢，一旦出现险情，难以及时采取果断应变措施。如果老年人在高速路上驾驶要尽量走外车道，时速保持在80公里左右为宜；在超车、变道之前一定要注意前、后车辆，要与之隔开足够的空间。老年人在高速路上驾驶最好结伴同行，连续行驶的距离应控制在200公里以内。

9. 看时间

老年人要避免连续长时间开车，开车时间控制在一个半小时为宜，两个小时是最大限度，切勿疲劳驾驶。要减少夜间行车，夜间能见度很低，视线模糊，特别是在没有路灯的道路上行驶，很容易发生事故，所以老年人应尽量减少夜间驾车出行。

10. 看状态

老年人开车如果出现以下状态，最好不再开车：① 不能正确识别和理解交通标志；② 不能在停车标志前准确停车；③ 反应太慢；④ 精神不能集中；⑤ 对拥挤的路口感到焦虑，不知所措或害怕开车；⑥ 车辆驾驶不稳；⑦ 在高速公路上开得太慢，总被别的司机按喇叭；⑧ 别人对你的状况感到不安，不愿意坐你开的车。

旅行安全“十要”

1. 要做好计划

外出旅行是老年生活的重要内容。想要外出旅行就要先做好计划：要选择好适宜老年人游玩的目的地；要选择好有信誉资质的旅行社；要选择好同伴；要选择好路线；要选择好季节和时间；要选择好合适的交通工具。

2. 要做充分准备

要了解《中国公民国内旅游文明行为公约》和《中国公民出境旅游文明行为指南》；要了解出行所到地区、民族、国家的风土人情和基本情况，特别是要了解有关禁忌；要了解有关应急处置的电话号码，特别是要牢牢记住求助方式和联络方式;要带好个人证件、常用药品和防护用品,个人证件要留有复印件在家中。不要携带大量现金和贵重物品。

3. 要购买保险

出外旅行,应购买一份旅游意外保险。在乘车、飞机和轮船以及游览项目中需要购买保险的,都必须购买保险。这样既心里踏实,又能在发生意外后得到及时救助。

4. 要结伴而行

离开家时要结伴而行,旅行途中也要结伴而行,防止脱队失联,从而防止发生意外。若遇意外,也有同伴救助或帮助发出求救信号。

5. 要文明旅游

注意言谈举止遵守相关规定。拍照、购物、抽烟以及排队、问询时应避免发生口角、冲撞等矛盾纠纷,以免影响游玩心情和团队形象。

6. 要注意休息

旅行途中的休息要把握三个环节。在车船、飞机等交通工具上的休息是浅睡、小睡，不能深睡和熟睡。在旅游景区景点的休息是小坐、小憩，不能久坐和单坐，防止脱离团体。入住宾馆酒店要及时并好好地休息，进出宾馆房间时要随手关门，不让陌生人进入房间；接到不明电话要立即挂断，不在灯罩上烘烤衣物，不在床上吸烟，正确使用房间里的电器，注意在卫生间防滑；看清并记住宾馆紧急出口和安全通道的位置，会用房间里的电话拨打求助电话。

7. 要卫生防病

注意饮食卫生，在指定的地点用餐，不购买和饮用无证照小商贩或地摊提供的饮料、食品。牢记自己的饮食禁忌，少抽烟、少喝酒，慎吃生食特别是生海鲜，防止暴饮暴食。做好预防措施，携带常用必备药品，患病后及时到医院就诊。

8. 要安全购物

购物时要保管好随身携带的物品，不到人多、拥挤的地方购物。在试衣试鞋时，最好请同团队好友陪同和看管物品。购物时不要当众清点钱包里的钞票；购物后应索要并保管好发票或凭证。

9. 要自我防护

乘坐交通工具时要系好安全带。游览观光有关项目时要系好安全带、穿上救生衣。慎重参加带有刺激性、危险性的活动项目。夜间自由活动时要结伴而行。

注意防盗、防骗、防诈、防抢。遇到突发情况应及时报告和呼救。

10. 要管好证件

身份证、信用卡、签证、护照、车船机票等身份证明和凭据，必须随身携带、妥善保管，特别要防止在旅行途中证件、票据丢失或被偷抢。证件的保管要做到不离人、不离身，且方便找、方便用。要记住领队和导游的手机号码，以备万一掉队后联系；记住旅游车的车牌号以及停车场位置，以便走失后找回去。

校园安全"十要"

1. 要把好入校安全关

无论是网络报名还是现场报名，对要求参加学习的老年学员，应问清本人身体情况，把好入学关。对年龄偏大、身体素质较差、体检显示有严重疾病或有传染性疾病的学员，建议他们待身体状况好转后再来上学。

对应聘的教师和工作人员也要把好进口关，而且要求提供必要的健康证明。在疫情防控常态下，凡是进校人员都必须扫健康码、测体温。

2. 要签安全责任书

老年大学要统一印制《安全承诺书》，明确学员和校方双方的安全责任承诺。《安全承诺书》一式四份，学员和学员赡养人各一份，学员所在班级和学校各一份。安全承诺书的内容可参照老年大学学员安全守则的部分内容。

3. 要购买意外伤害责任险

本着自愿原则，学校可统一为学员代购校园安全保险，学员也可以自行选择购买。学员保险在开学后应一个不漏及时汇总，建立学员安全档案。

4. 要建立校园安全工作责任制

要重点关注教学场地的安全、教学设施的安全、教学活动的安全、公共场所的安全、突发事件的处置等。安全责任要全覆盖，落实到人、财、物。

5. 要开展安全知识宣传教育

老年大学的学员、教师和管理人员要强化安全意识，采取多形式、通过多渠道进行宣传教育。安全教育可与入学教育、课堂教学、专题讲座等结合进行。可在走廊、卫生间、楼道等醒目处张贴安全标志。

6. 要定期开展安全隐患排查

安全隐患排查的范围主要包括校园安全和学员安全两大方面。发现安全隐患后要建立安全隐患消解台账制，并采取及时有效的措施保障校园安全、维护学校稳定。学员要主动配合学校做好安全隐患的排查消解工作。老年大学的室内设施最好装一些辅助设施，如在开水间、洗手池、卫生间等处安装扶手、把手等，地面要平整、防滑，以方便老年人行走和抓握，降低跌倒风险。

7. 要重点做好“三堂”的安全保障工作

一是课堂。课堂教学要以安全为中心。不论是校园课堂还是移动课堂，各科教学都要在安全的前提下讲质量、讲丰富多彩。

二是会堂。对在会堂、礼堂进行的会议、展示、展览等大型活动，要进行安全评估，重视消防安全和活动设施的安全。要加强电梯、电路的定期检修。

三是食堂。有条件的老年大学办的食堂，要重视食堂的卫生检查和食品卫生管理。学员和学校其他人员如果是在协议单位用餐或外买快餐，则要选择有食品卫生经营许可证的正规单位。

8. 要有突发事件应急预案

学员或学校若发生突发事件，学校要有应急预案。老年大学每个学期都要制定、修改、完善突发事件应急预案，建立突发事件应急联动解决机制。学校要有突发事件应急处置领导小组，与相关单位有应对突发事件的协调联络制度。举办集体活动和户外实践活动都要做充分准备，有应急预案。

9. 要有技防措施

在加强人防、物防的同时，还要加强技防。校园内要安装监控、门禁、防盗、电子巡查等设备，防止社会闲散人员和动机不纯者混入校园。有了技防措施后，一旦有安全隐患和事故，就可以随时查看记录，还原真相，既有利于事故的处理，也有利于减少或避免不良事件的发生。

10. 要制定老年大学学员安全守则

制定安全守则的目的，是为了让学员的学习更安全，让学校的发展更稳定。学员安全守则应告知以下方面的安全提示：

一是来校和返校途中的交通安全。无论是行走还是选择合适的交通工具，都要遵守交通规则，确保路途安全。

二是在校学习和走动时的安全防护。要防摔倒、防烫伤、防触电等。

三是校外教学实践活动中的安全防护。防摔伤、防身体不适、防走失等。

四是文明上课、文明上网等安全要求。

五是学员个人的财产安全。不参与营利性商业活动的宣传、推销、购买，防偷盗、防诈骗。

六是国家安全意识。不信谣、不传谣；不发布、不传播不当言论。

上网安全“十不”

1. 不能忘记文明上网自律公约

新华网2006年4月19日发布了中国互联网协会的《文明上网自律公约》。公约的内容是：自觉遵纪守法，倡导社会公德，促进绿色网络建设；提倡先进文化，摒弃消极颓废，促进网络文明健康；提倡自主创新，摒弃盗版剽窃，促进网络应用繁荣；提倡互相尊重，摒弃造谣诽谤，促进网络和谐共处；提倡诚实守信，摒弃弄虚作假，促进网络安全可信；提倡社会关爱，摒弃低俗沉迷，促进少年健康成长；提倡公平竞争，摒弃尔虞我诈，促进网络百花齐放；提倡人人受益，消除数字鸿沟，促进信息资源共享。

2. 不要随意泄露个人信息

个人信息主要包括:姓名、性别、年龄、身份证号码、电话号码及家庭住址等个人基本信息,邮箱账号、网银账号、第三方支付账号等账户信息,通话记录、短信记录、聊天记录、通讯录信息、个人视频、照片等隐私信息以及你的设备信息、社会关系信息、网络行为信息等。

如何避免个人信息泄露?要做到以下几点,可最大限度地避免个人信息的泄露。① 使用互联网时,不要随意留下个人信息。② 使用公共网络后,要清理使用痕迹。③ 不随便使用免费的WiFi。④ 不在微信圈晒包含个人信息的照片。⑤ 及时抹掉快递收件单上的个人

信息。⑥ 在各类单据上、在网络平台上、在复印资料时不泄露个人信息。

3. 不能不知网络安全隐患

容易导致发生安全问题的常见网络行为有:① 网络交往。如交友、聊天、网恋、网婚等。② 网络传播。如传播色情、暴力、低俗、怪异内容,传播虚假信息、谣言和攻击性言论,传播垃圾邮件。③ 网络痴迷。如网络游戏、网络交友、网络作品等痴迷行为。④ 网络诈骗。如通知中奖、网上投资、冒充亲友等都是诈骗行为。

4. 不能被网上购物陷阱所迷惑

老年人网上购物要注意以下几点:① 到大的网购商城购买商品。如到大的网购商城购买商品,并注意查看买家对相关商品的评价。② 谨防低价诱惑。如果网上的商品价格是市场价的半价甚至更低,这时要提高警惕。如果网上商城的商品便宜得离谱就不要买,不要贪便宜。③ 看网上商品的销量。网上商品如果评价好、销量大，就说明其质量、物流等方面都好，值得放心购买。④ 警惕虚假广告和高额奖品的陷阱。利用奖金、奖品诱惑吸引消费者，利用虚假广告宣传误导消费者，这些不法行为会导致消费者购买到伪劣产品、钱财被骗。⑤ 慎重选择支付方式。最安全的方式是货到付款，如果一定要先付款后发货，必须选择第三方支付平台支付。⑥ 不信、不买违禁物品。

5. 不能放松对网上银行的安全警惕

开通网上银行功能要事先与开户银行签订协议，客户在登录使用时，要核对网址，确定无误，谨防被骗。对密码的选择要做到“两个尽量避免”：尽量避免与个人信息资料有关，尽量避免在不同的系统使用同一密码。对网上银行的交易记录做到“两个定期”：定期查看，定期打印，做好记录。对交易过程中要关注“两个异常”：如进行网上交易时，交易意外中断，或出现“系统故障”等提示，应关闭交易及时与开户行联系；在确认支付后，如果没有出现确认提示，而银行已扣账，应记录保存好交易资料，及时与开户行联系。

6. 不放松网上证券交易的安全防范

一些老年人学会了网上证券交易，但要做好安全防范。① 慎重开户。必须在具有网上交易资格的营业部开户，并仔细阅读和明了网上证券交易须知。② 用好密码。密码设置尽量避开个人信息，不要在任何机器上保存密码。网上交易密码使用频率高，可以2个月或3个月更换一次密码。③ 管好证件。个人身份证、股东卡、资金卡、银行卡等要保管好，防止丢失和被人利用。④ 谨慎操作。证券交易买入或卖出时一定要仔细核对代码、价位以及交易选项后，再点击确认。交易结束后立即退出系统，以免造成股票和账户现金损失，最好不要在公用电脑上进行网上证券交易。为了避免网上交易系统因出现故障而延误交易时机，可同时开通电话委托。

7. 不要忽视防范电信诈骗的安全提醒

公安部门在防范电信诈骗、打击网络犯罪过程中，提醒广大人民群众对以下行为要高度警惕：① 凡是网上刷单刷信誉就是诈骗。② 凡是贷款先缴费要验证码就是诈骗。③ 凡是婚恋交友诱导投资、赌博就是诈骗。④ 凡是客服联系主动退款就是诈骗。⑤ 凡是非官方交易游戏装备就是诈骗。⑥ 凡是网上推荐股票、基金操作就是诈骗。⑦ 凡是网上投资鼓吹稳赚不赔就是诈骗。⑧ 凡是购物点击不明链接就是诈骗。⑨ 凡是老板、熟人、QQ、微信要求打款，不核实就是诈骗。⑩ 凡是视频裸聊就是诈骗。⑪ 凡是冒充老师、学校要求缴费就是诈骗。

现在很多居民小区也有提醒：凡是自称公检法要求汇款的；凡是叫你汇款到“安全账户”的；凡是通知中奖、领取补贴你要先交钱的；凡是通知“家属”出事先要汇款的；凡是在电话中索要个人和银行卡信息的；凡是叫你开通网银接受检查的；凡是叫你登录网站查看通缉令的；凡是自称领导（老板）要求汇款的；凡是陌生网站（链接）要登记银行卡信息的。以上行为都是诈骗。要不轻信、不透露、不转账、不汇款，如遇诈骗及时报警。

8. 不与网上陌生人交友

不随意将陌生人添加为QQ好友、微信好友，不随便接受他们的视频或语音聊天请求，以避免遭受端口攻击或个人隐私泄露。不告诉网上的人关于你自己和家里的事情，不与在网上结识的人约见。网络交友需谨慎，不要轻易相信网上人的讲话，任何人在网上都可能告诉你一个假名字，或虚假年龄、性别等。你在网上读到的信息有可能不是真的。不随意打开不明网站链接，尤其是不良网站的链接。不随意打开来历不明的邮件及附件，避免上网设备感染病毒，导致无法使用或硬盘被格式化。不随便点击弹窗广告，避免浏览器遭受恶意攻击导致无法使用。

不在微博、论坛、微信等公共平台上发布和转发不当言论，要文明上网。

一些免密码的WiFi可能存在安全隐患。平时不使用WiFi的时候要关闭手机的WiFi功能；在需要使用WiFi的时候，不要轻易去连接那些免密码的未知WiFi，以防泄露个人隐私。

现在的手机支付已经成为一种主流的支付方式，在使用它的时候要尽量使用移动数据网络，如非必要，尽量不使用WiFi去付款，防范一些不法分子通过WiFi盗取你的钱款。

千万不要轻信陌生人，千万不要给陌生人转账。假如亲戚、朋友、熟人找你借钱，请电话确认，以防他人恶意骗取你的钱财。

9. 不能在手机里保存这些照片

第一张：身份证正反面照片

登录手机下载的软件，个别需要使用身份证实名认证，在我们认证完成以后，身份证照片往往会还保存在手机里面，未能及时删除。经常使用支付宝的用户知道，修改支付密码的时候，只要选择身份证正面照片和短信验证，就可以成功修改支付密码。如果手机中存有身份证照片，手机一旦丢失，支付宝等就容易出现盗刷情况。所以身份证照片千万不能保存在手机里面。

第二张:银行卡照片

自从移动支付出现以后,使用实体银行卡的场合越来越少。通常我们通过把银行卡号码和手机绑定,直接使用手机上的支付软件就能实现支付功能。绑定银行卡的时候,只需要卡号和银行预留的手机号码就可以绑定成功,一旦手机丢失,刚好手机里又有银行卡照片,银行卡可能就会被不法分子盗刷。所以千万不要在手机里保留银行卡照片。

第三张:记录账号和密码的照片

很多人有时候怕自己会忘记一些密码,就把这些账号和密码都写在一张纸上,然后再用自己的手机拍照保存。虽然手机可以设置锁屏密码,但是对于一些有“技术”的人来说,解开锁屏密码并不困难,那些以照片形式保存在手机里面的账号和密码有可能会被盗用,后果不堪设想。如果你的支付软件上有钱,还都绑定了银行卡,最好把手机里面保存的记录这类账号和密码的照片都删除。

10. 不能过度上网

老年人上网的时间不宜过长。上网是为了丰富生活、增长知识、了解社会。老年人的体质、视力、精力都在衰退，如果上网时间长，造成坐的时间长、低头时间长，可能会诱发并加重骨关节病、心脑血管病、眼病、腰颈椎病等，严重可能发生意外。老年人上网最好每半小时或一小时休息10-15分钟，每天上网时间一般不超过2个小时。有节制上网可以给老年生活带来快乐，而无节制上网一定会给老年生活带来痛苦。网络是一把双刃剑，老年人要学上网、会用网，但不能依赖网、痴迷网。

健身安全“十要”

1. 要选择强度适中的有氧运动

有氧运动是指人体在氧气充分供应的情况下进行的体育锻炼。简单地说，有氧运动是指强度低且有节奏的韵律性运动，运动时间一般在30分钟以上，运动强度在中等或中上等，此时血液可以供给心肌足够的氧气，因此，它的特点是强度低、有节奏、持续时间较长。

常见的有氧运动有快步走、慢跑、游泳、骑自行车、打太极拳、划船、上下楼梯、跳健身舞、跳绳、做韵律操以及多种球类活动等。

老年人健身更适合选择强度适中的有氧运动作为自己的锻炼方式。切记要根据年龄和身体状况选择适合自己的运动项目。

科学的有氧运动会对机体各个方面产生有益的作用:增加血液流动,增强肺脏功能,促进分解代谢,促进营养平衡,提高抗病抗衰能力;调节并改善心理状态。

2. 要掌握好有氧运动的时间和频率

有氧运动每次持续进行的时间最好介于30–60分钟之间,最少也要持续20–40分钟,这样可以真正锻炼到心肺功能。每个运动时段还要包括运动前5–10分钟的“热身运动”。每周进行有氧运动的次数,至少要保持在3–5次。每周只运动1–2次者,其健康效益远低于3–5次者,但天天运动者与每周运动5次者,其健康效益差异不大。以游泳为例,每周3–4次,每次30–60分钟,热量消耗约650千卡/小时。如果选择慢跑或快步走,对提高睡眠质量、改善大脑供血有帮助,长期慢跑可使心率减慢、血管壁的弹性增加,提高心脏功能。

3. 要掌握科学健身的要素

科学健身八要素是:① 运动前要有必要的热身活动;② 要有必要的伸展运动;③ 不要有过激运动;④ 要有水分的必要补充;⑤ 逐步增加运动强度;⑥ 动作不要太急;⑦ 不要在运动中大量吃东西;⑧ 运动后要有必要的调整。

除以上八要素之外,还要注意三点:一是饥饿时不宜做剧烈的健身运动。因为这时体内能量已不够用,需要补充能量后再运动,若勉强去做运动会有损机体。二是饭后30分钟内也不宜做剧烈的健身运动。因为这时胃肠道充血，正在进行消化，如此时运动，势必会使血液重新分布，从而影响到胃肠的工作，不利于消化吸收，甚至会损伤胃肠。三是睡前不宜做剧烈的健身运动。因为睡前运动会使人过度兴奋，从而影响到入睡或睡眠质量。

4. 要了解科学健身18法

2018年8月7日，在我国第十个“全民健身日”即将到来之际，国家体育总局发布“科学健身18法”。科学健身18法是由国家体育总局、中华全国体育总会、国家体育总局体育科学研究所创编的。老年人对此要有所了解，不一定都掌握，但可根据自身条件和需要选择若干方法进行锻炼。

（一）缓解颈肩不适的6个方法

（1）懒猫弓背。手扶椅背弓弓背，拉抻脊柱背不累，像只猫咪伸懒腰，肩背放松不疲惫。每组6–10次，重复2–4组。整个练习过程中会有轻度酸痛和牵拉感，不应该有明显的疼痛。功效：提高胸椎灵活性，改善肩背不适，防止驼背，预防和延缓肩部和腰部劳损。

（2）四向点头。四向把头点，锻炼颈和肩，动作很简单，贵在每天练。往前后左右四个方向点头，动作流畅、缓慢，有轻度酸痛和牵拉感。每组5次，重复3-5组。功效：放松颈部肌肉，改善肩颈部不适，预防颈椎病。

（3）靠墙天使。背部紧靠墙壁，外展打开双臂，贴墙缓缓而上，徐徐回到原状。背部紧贴墙面，双手侧平举，向上屈肘90度，掌心朝前，将手臂完全贴住墙面。同时手臂沿墙壁向上伸展，然后沿原路慢慢回到起始位置。每组6-10次，重复2-4组。功效：提高肩部灵活性和肩胛稳定性，缓解肩颈部紧张。

（4）蝴蝶展翅。双肘平举要到位，向内收紧别怕累，像只蝴蝶展翅飞，改善含胸和驼背。可以徒手，也可以双手各握一瓶矿泉水。双臂形成"W"形，保持2 s。每组进行10-15次，重复2-4组。练习过程中身体不要有明显的疼痛。功效：提高肩胛稳定性，改善圆肩驼背姿态，提高肩关节力量，改善肩颈部紧张。

（5）招财猫咪。手臂一上一下，交替重复多下，勤练加强肩部，肩肘功能不差。保持上臂始终与地面平行，一侧手臂向上旋转，一侧手臂向下旋转，到最大位置处保持2 s，然后回到起始位置。每组进行10-15次，重复2-4组。功效：提高肩胛稳定性，增加肩袖力量，缓解肩颈部紧张，肩部塑型。

（6）壁虎爬行。身体稳定向前压，双手扶墙往上爬，上下重复需多次，配合呼吸练肩胛。每组6-10次，重复2-4组。功效:提高核心稳定性,改善协调性,强化上肢力量,缓解肩颈部紧张。

(二)缓解腰部紧张的6个方法

(7)“4”字拉伸。单腿“4”字往上翘,保持姿势固定脚,身体前压深呼吸,经常练习腰胯好。骨盆和脊柱保持在中立位,不要弓背,在臀部有明显牵拉感的位置,保持20-30 s,完成3-5次。功效:拉伸臀部肌肉,提高髋关节灵活性,缓解腰部紧张。

(8)侧向伸展。双手上举两交叉,身体侧弯向旁拉,左右交替做伸展,松解腰部顶呱呱。弯曲至最大幅度,保持2 s,每组6-10次,重复2-4组。功效:拉伸躯干侧面肌肉,改善肩颈部和腰部紧张。

(9)站姿拉伸。单腿站姿抓脚面,腿在躯干靠后点,降低难度扶椅背,缓解腰部紧和酸。保持拉伸姿势20-30 s,重复2-4组。功效:改善下背部紧张,预防腰部和膝关节劳损。

(10)左右互搏。坐在稳定椅子上,双手交叉顶内膝,大腿向里手抵抗,身体前倾不能忘。躯干前倾,但不要弓背。静态发力,每次保持用力3-5 s,然后放松2-3 s。完成6-10次,重复2-4组。功效:提高髋关节稳定性,强化内收肌力量,提高上肢力量。

(11)靠椅顶髋。站姿双脚同肩宽,躯干前倾后顶髋,微微屈膝不向前,双臂贴耳尽量展。完成6-10次,重复2-4组。功效:激活人体后侧链,改善圆肩驼背,强化身体后侧的力量。

(12) 坐姿收腿。坐稳椅子身不晃,双手扶在椅面上,屈膝收腹腿并拢,保持两秒回原状。完成6-10次,重复2-4组。功效:提高核心力量,提高身体控制能力。

(三) 缓解下肢紧张的6个方法

(13) 足底滚压。单腿赤脚踩球上,双手扶稳身不晃,顺时逆时各三圈,慢慢滚压足底爽。每组进行8-10次,重复2-4组。功效:改善足底筋膜弹性,改善步态,缓解下肢紧张,缓解疲劳。

(14) 对墙顶膝。双手扶壁分腿立,前脚距墙两分米,脚跟不动缓顶膝,保持拉伸多受益。每组进行8-10次,重复2-4组。功效:提高踝关节灵活性,改善步态,缓解下肢紧张。

(15) 单腿拾物。手扶椅背单腿站,膝盖微屈一点点,身体前倾像拾物,稳稳控制防跌绊。每组进行8-10次,重复2-4组。功效:提高身体平衡与稳定能力,防止跌倒,缓解下肢紧张。

(16) 足踝绕环。保持脊柱正当中,稳定身体不晃动,转动脚踝内外侧,练习过程无疼痛。向外侧慢慢转动脚踝10次,然后向内侧转动脚踝10次,重复2-4组。

功效:提高踝关节灵活性和力量,缓解下肢紧张。

(17) 单腿提踵。扶住墙面单脚立,保持平衡往上提,慢慢下落需牢记,防止跌倒增腿力。每组练习10-15次,重复2-4组。功效:提高身体平衡与稳定能力,提高下肢力量,缓解下肢紧张。

(18) 触椅下蹲。双脚与肩同宽站,向后下蹲屈膝慢,双手向前水平伸,触椅站立重复练。每组练习10-15次,重复2-4组。功效:提高下肢力量和稳定性,提高核心稳定性。

5. 要有适合自己的健身计划

老年人如何科学健身?

首先,制订一套适合自己的健身计划。60岁以后的老年人总觉得"我已经老得什么也不能做了"。这是一种错觉,要抛弃这种错觉,进行一些适合自己的运动,以保持身体健康。在得到医生的全面检查并制定运动处方后,可依据年龄和健康程度,选择一项自己喜欢的运动以及运动的时间。

其次,选择的运动项目一定要切实可行。随着年龄的增长,老年人的膝关节会发生退行性老化,这是自然现象。老年人进行运动锻炼时,应尽量选择对膝关节伤害较小的运动，如游泳、骑车、散步、打八段锦等，不宜练习跑跳、深蹲、爬楼梯等对膝关节损伤较大的项目。

第三，要达到一定的运动量才有强身健体的效果。国内外运动医学专家建议：60岁以上的老年人每周应进行5天以上、每天累积30分钟的运动。

6. 步行是老年人的首选健身方式

步行是老年人的首选健身方式，其安全、简单、锻炼强度容易控制。平时体育活动较少的人，每天最好连续步行30分钟，或每天至少步行2–3次，每次快走10–15分钟，对身心健康都有益处。健康老年人的最大运动心率数值最好能控制在比安静时脉搏快20–40次/分，即安静时心率70次/分，走步过程中心率可达90–110次/分。

老年人锻炼健身时穿什么样的服装很有讲究。

首先，穿宽松的服装。健身运动时衣服不能过紧，关节处不能有碍，肢体屈伸要自如，服装穿在身上运动时要感到舒适、宽松。

其次，穿透气的服装。为了摆脱大量汗水淤积在皮肤表面使人难受的感觉，应该穿着舒适透气的服装去运动。正确的做法是选择那些透气性相对较好的材质做的服装,如聚丙烯材质等,尤其是在运动内衣的选择上,更要注意。在温差相对较大的冬季,穿着纯棉内衣反而更容易使人在剧烈运动后着凉,引发风寒感冒、头痛等症状。另外,纯棉衣物吸汗后保暖性差,如果不注意,就会因为人体温度的变化而生病。而聚丙烯这样的材料,可以散湿且保暖性好,有利于保持皮肤干燥清爽。

7. 要挑选适合你的运动鞋

不同的运动项目选择的运动鞋应不同。

快走:快走穿的鞋鞋底要有弹性,这样可减弱快走时使关节承受到的冲击力;鞋底要比跑步鞋更容易弯曲,因为步行时脚后蹬地会更有力,脚的弯曲程度也更大;步行时脚后跟是肩负全身重量的主力,鞋跟部也要稳定和牢固。经常步行,鞋的弹性会很快丧失,表面上虽然还没有坏,但是保护作用却不太好了,一年最好换一双步行鞋。

跑步:选择跑步鞋要重点考虑避震功能。鞋的支撑性和稳定性不能忽视,鞋底中部有支撑,可减少跑步后足弓的疼痛。买鞋之前要试穿一下,并试跑一小会,看看所选的鞋是不是有足够的弹性、是否合脚。另外,鞋底要较易于弯曲,如果你抓住鞋的两头来折弯它,弯曲最大的部分应该在脚掌部分。脚跟部分要合适，太大的话会使你跑步的时候因鞋固定不稳而容易损伤脚踝。

登山：选择登山鞋时，首先要注意鞋面是否防水透气，以应付雨天及泥泞洼地等情况。鞋底选择有深纹路的硬底，不仅防滑，还能起到有力的支撑作用。同时要保证鞋内舒适，能减少冲击和足部疲劳。登山鞋只适合崎岖路面，不适宜其他运动项目穿。

8. 要注意运动时骨骼与关节的变化

老年人的骨骼与关节逐年退化，因此锻炼时对此要保持高度警觉，一旦发现有问题，一定要及时停止锻炼，及时求医问药。运动时要循序渐进。冰冻三尺非一日之寒，想要在短时间内获得一个好身体是异想天开的。运动时，特别是在日常生活中要给关节和骨骼补充营养。长期运动会加剧关节的磨损，正常的关节有一层薄薄的软骨，主要作用是缓冲压力，保护骨骼。而运动会加速关节软骨的磨损和老化，让骨骼失去保护。因此，及时补充氨糖给予软骨营养很有必要。氨糖是形成软骨细胞的重要营养素，在人体内的含量在不断降低且不断生成，可以通过氨糖营养剂进行合理补充。

俗话说人老腿先老，如何加强腿部骨骼锻炼，可以尝试以下做法：

（1）干洗腿部。双手抱紧一条大腿，从大腿到脚踝轻轻按摩，然后从脚踝到大腿根部按摩，用同样的方法按摩另一条腿，重复10–20次。这样，可以防止肌肉萎缩，增强关节灵活性。

（2）揉腿肚。用两个手掌夹住腿肚，旋转揉搓，每边揉搓20–30次，共6组。这样可以舒筋活血，强健腿部。

（3）揉膝盖。将脚平行并靠在一起，稍微弯曲膝盖，蹲下，双手放在膝盖上，顺时针揉几十次，然后逆时针揉几十次。这种方法可以缓解下肢无力和膝关节疼痛。

（4）暖脚。每天晚上用热水浸泡双脚，使全身血液循环，保持温暖。

（5）摆动腿。一只手扶在墙上，首先向前摆动小腿，使脚尖向前上方倾斜，然后向后摆动。建议一次摆动80–100次。这种方法可以预防下肢萎缩、无力或麻木以及腿部痉挛症状。

9. 要记住老年人健身的注意事项

老年人健身特别要注意做到以下几点。

第一，不能单独锻炼。老年人特别是患有高血压、心脏病的老年人，不要独自锻炼，而要和朋友一起锻炼或去人多的地方锻炼，以确保自身的安全。到人多的地方锻炼不仅氛围好，一旦出现突发情况会有人帮助处置。

第二，不能过分剧烈运动。短跑、长距离游泳等项目，因消耗体能过多，一般不适合老年人；跳高、跳远、健身操等项目，因极易造成骨质已疏松的老年人发生骨折，也不适合老年人。刚开始锻炼的老年人，不妨逐步增加运动量和锻炼次数，循序渐进，持之以恒。

第三，不能起得太早。老年人锻炼应该避免太早起来，特别是在寒冷的季节，寒冷气候的刺激会对心血管系统造成一种压力和负担，使老年人血压升高、心跳加快。有些老年人甚至会导致心血管病的发生。老年人在每天下午2-4点进行锻炼比较合适。这时地表温度高、空气相对活跃、阳光充足，进行锻炼效果好。参加运动的老年人大多反应较慢，坏天气可能会引发种种运动事故，特别是在遇到高温、奇寒、刮大风、下雨、下雪等天气时，最好不要运动。

第四，不能仓促上场。老年人参加运动锻炼不能慌慌忙忙，仓促上场，一定要做好运动前的各项准备。比如不能穿皮鞋锻炼，不能穿紧身衣锻炼，不能在坏天气环境下锻炼，要做5-10分钟的准备活动，等等。

10. 要选择适合自己的健身方法

老年人如何健身？形式和方法多种多样，因人而异，因时因地而宜。比较好的有以下几种方式。

游泳是一种很好的锻炼方式。此项运动对关节伤害小，锻炼心肺功能，提高人的反应能力、协调能力，对增进食饮、促进睡眠有很大帮助。

散步是简便易行的锻炼方式。散步对膝盖损伤小，能锻炼心肺功能，有利睡眠，非常适合老年人。一般在傍晚5–8点之间散步的效果比较好。除了散步以外，前面已经提到快走也是比较好的运动锻炼项目。

跳舞是一项有氧运动。老年人选择跳舞，特别是广场舞，对增强体质、提高免疫力、增强防病抗病能力都有帮助。

打太极拳是手眼身法步一起协调的运动。这种运动方式对人的感官功能、神经系统都能起到很好的锻炼作用；有助于增加平衡能力，预防跌倒；有利于全身协调运动，使人心平气和，防心烦意躁，能放松心情、赶走烦恼。

练习八段锦能调动身体的不同部位都运动起来，促进全身的血液循环，对神经系统、心血管系统、消化系统、呼吸系统都具有良好的调节作用。因为八段锦的动作比较简单、柔和，特别适合老年人来练习。

一些球类运动也适合老年人锻炼，比如乒乓球、台球、门球等。不管哪种球类，对老年人来说，技巧和成败不是关键，重要的是从运动中获得快乐。下面这首高开华作词的《乒乓快乐多》就说出了打乒乓球的乐趣。

乒乓快乐多，握住你和我；
银球飞快转，推挡挑打搓；
矫健的身影，欢快的节拍；
女子英姿飒爽，男儿机智灵活。

乒乓快乐多，观众乐呵呵；
高吊弧圈妙，削拉挤弹拨；
清脆的声音，飘忽的起落，
比出个人风采，赢得满堂欢乐。

乒乓快乐多，打球讲哲学；
旋转不迷向，摩擦莫太多，
有限的台面，共守的规则；
输赢皆有可能，机会自己把握。

著名心血管病专家洪昭光教授对老年人提出“三个半小时”的运动方法。“三个半小时”就是每天早早起来运动半小时。可以打打太极拳、八段锦，跑跑步，因人而异，运动适量。其次中午午睡半小时，这是人生物钟的需要。老年人睡得早,起得早,需要补充睡眠,中午非常需要休息。三是晚上6-7点慢步行走半小时。这样可使老人晚上睡得香,可减少心肌梗塞和高血压发病率。

心理安全“十要”

1. 要了解老年人心理健康的标准

良好的心理素质有益于增强体质、提高老年人的抗病能力。有关学者提出了判断老年人心理是否健康的10条标准:① 有充分的安全感;② 充分地了解自己;③ 生活目标切合实际;④ 与外界环境保持接触;⑤ 保持个性的完整与和谐;⑥ 具有一定的学习能力;⑦ 保持良好的人际关系;⑧ 能适度地表达与控制自己的情绪;⑨有限度地发挥自己的才能与兴趣爱好;⑩ 在不违背社会道德规范的情况下,个人的基本需要应得到一定程度的满足。

2. 尝试自我消除烦恼的方法

影响老年人心理安全(或叫心理健康)的因素很多,最主要的是:离退休后的失落感,健康状况不好的自悲感,老年丧偶后的孤独感,经济来源少给子女增加负担的自责感,家庭各种矛盾交织显现的困扰感。不同的家庭、不同的老人,有不同的情况,要敢于面对,学会适应,妥善处理。家家都有一本难念的经,没有过不去的坎,只要精神不滑坡,办法总比困难多。

据一些文章资料介绍,消除烦恼的有效方法是:① 用鼻子进行深呼吸;② 闭上眼睛休息3分钟;③ 洗个热水澡;④ 静坐10分钟,喝一杯水或饮料;⑤ 到开阔地散散步;⑥ 进行1小时左右的体育锻炼;⑦ 听听音乐;⑧ 自言自语,自我交谈;⑨ 找个合适的人在合适的地方倾诉倾诉。

3. 要享受人生的快乐

人生的快乐很多,主要有:知足之乐,天伦之乐,运动之乐,助人之乐,忘年之乐,忍让之乐,宽容之乐,读书

之乐，想象之乐，平静之乐等。高开华创作了一首《夕阳红　老来乐》的歌词，是这样写的：

夕阳红，老来乐，
辛苦几十年，现在歇歇啰。
饭菜香，营养好，
儿孙都孝顺，家庭和睦多。
退休了，慢生活，
小区散散步，邻居唠唠嗑。
身体棒，莫闲着，
老年大学去，跳舞又唱歌。
爱公益，办慈善，
关心下一代，做个志愿者。

夕阳红，老来乐，
国泰民安旺旺旺。
夕阳红，老来乐，
人寿年丰乐乐乐。

4. 要保持心理平衡

老年人保持心理平衡要做到：对自己不苛求，对他人不期望过高，对人表示善意；遇到烦心事可以暂时逃避，疏导自己的愤怒情绪，或找人倾诉自己的烦恼；为别人做一些力所能及的事；不与别人盲目攀比。

注意心理平衡，就掌握了健康的金钥匙。健康老人的生活方式多种多样，有两条是共同的。第一，凡是健康长寿的老年人都是性格随和的人。他们心胸开阔、心地善良、性格随和、不急不躁。第二，凡是健康长寿的老年人都是爱劳动、爱运动的人。爱劳动、爱运动可以调节人的情绪和愉悦人的身心。所以英国有句谚语说：没有一个长寿者是懒汉。

5. 要增强“心理免疫力”

积极的心理状态能增强人的“心理免疫力”。保持积极心理状态的主要方法是:① 寻找理由使自己快乐起来。② 努力学习新知识,制订新计划,追求新目标。③ 尽可能多地接触性格快乐、精力充沛的人,不要经常与意志消沉的人在一起。④ 想哭就哭,想笑就笑,不掩饰自己。⑤ 保持充足睡眠和健康饮食习惯。

6. 要用好积极休息法

对老年人来说是,他们有足够的时间采用积极的方法休息。

一是在变化中休息。坐久了就站站,看书久了就看看窗外。手、脑、眼、腿要经常用,而且要交替着用。

二是在对抗中休息。开目动神,闭目养神;聊天久了会伤气,沉默一会可顺气;在喧哗处看热闹,到僻静处找宁静。

三是在娱乐中休息。打牌下棋不为输赢,为的是开心快乐;种花养鸟不为名利,图的是赏心悦目。

四是在理疗中休息。劳累了,捶捶肩、捶捶腰;思考累了,按摩天柱穴、太阳穴;走累了用热水泡泡脚。

7. 要保持年轻人的心态

老年人要保持年轻人的心态,必须做到:

老要少。多接触青少年,与年轻人在一起能充满青春活力。

老要俏。注意穿着打扮,追求美、合体,有时代感。

老要跳。参加多种锻炼项目,运动使人年轻。

老要笑。笑一笑十年少。笑能使人神采飞扬。

8. 要学会从容

从容,即会舒缓、冲和、泰然、大度、恬淡,会不急不火、不躁不乱、不慌不忙、不愠不怒、不紧不慢、不暴不弃。

庄子曾经一边卖着草鞋,一边坦然而论他对世界的看法;苏东坡一生坎坷,在遭贬的路上也不忘把肉烧得有滋有味;马寅初坚持真理,处事乐观,从容自若,把大轰大嗡的"批判"当作"洗热水澡",他是逆境多难的百岁人瑞。

在世界卫生组织发布的"健康老人十条标准"中,第一条就是"有充沛精力,能从容不迫地担起日常繁重工作"。从容之人其心脑血管和其他器官受刺激的次数相对会减少，气血冲和则百病难生，这是从容者多长寿的奥秘所在。

9. 要发挥自身余热

老年人发挥自身余热要根据身体健康状况和家庭情况而定。发挥自身余热的好处有以下几方面：一是可以克服自我封闭的现象，加强与外界的联系；二是适当参加社会活动可以取得社会的敬重；三是适当承担家务劳动可以减轻子女的负担，赢得家庭成员的爱戴；四是扩大兴趣爱好，陶冶性情，有助于老年人的身心健康；五是有利于增强老年人的自信心。

10. 要少生气莫生气

老年人的很多病是气出来的。气有三种：怄气、赌气、发脾气。怄气只能气自己，赌气双方更对立，发了脾气失了理，思前想后又何必。有缘相聚在一起，不能事事都如意，自我息怒自消气，美好生活要珍惜。现在网上流传的莫生气口诀有三个版本，版本三是这样说的：头顶天，脚踏地，人生全在一口气；切忌气上有三忌：怄气赌气发脾气。

洪昭光教授还提出了缓解压力的“养心八珍汤”。养心八珍汤是真正健康心灵的八珍汤、八味药。第一味药:慈爱心一片;第二味药:好心肠二寸;第三味药:正气三分;第四味药:宽容四钱;第五味药:孝顺常想;第六味药:老实适量;第七味药:奉献不拘;第八味药:回报不求。“养心八珍汤”有六大功效:第一,诚实做人;第二,认真做事;第三,奉献社会;第四,享受生活;第五,延年益寿;第六,消灾祛祸。

附录一　老年人膳食指导
(WS/T 556—2017)

中华人民共和国国家卫生和计划生育委员会
2017-08-01发布,2018-02-01实施

1　范围

本标准规定了老年人膳食指导原则、能量及营养素参考摄入量、食物选择。

本标准适用于对65岁及以上老年人进行膳食指导。

2　术语和定义

下列术语和定义适用于本文件。

2.1

老年人 elderly adults

65岁及以上人群。

2.2

膳食营养素参考摄入量 dietary reference intakes;DRIs

评价膳食营养素供给量能否满足人体需要、是否存在过量摄入风险以及有利于预防某些慢性非传染性疾病的一组参考值,包括:平均需要量(EAR)、宏量营养素可接受范围(AMDR)、推荐摄入量(RNI)、适宜摄入量(AI)、可耐受最高摄入量(UL)以及建议摄入量(PI)。

2.3

宏量营养素可接受范围 acceptable macronutrient distribution ranges;AMDR

为预防产能营养素缺乏,同时又降低慢性病风险而提出的每日摄入量的下限和上限。

2.4

全谷物食品 whole grain food

食品原料中,全谷物不低于食品总重量51%的食品。

2.5

营养补充剂 nutritional supplement

维生素、矿物质等不以提供能量为目的的产品。其作用是补充膳食中供给的不足,预防营养缺乏和降低发生某些慢性退行性疾病的危险性。

2.6

特殊医学用途配方食品 food for special medical purpose;FSMP

为了满足进食受限、消化吸收障碍、代谢紊乱或特定疾病状态人群对营养素或膳食的特殊需要,专门加工配制而成的配方食品。

2.7

优质蛋白 high-quality protein

完全蛋白 complete protein

所含必需氨基酸种类齐全、数量充足、比例适当,不但能维持成人的健康,并能促进儿童生长发育。包括动物性蛋白质和大豆蛋白质。

3 老年人膳食指导原则

3.1 食物多样、搭配合理，符合平衡膳食要求。

3.2 能量供给与机体需要相适应，吃动平衡，维持健康体重。

3.3 保证优质蛋白质、矿物质、维生素的供给。

3.4 烹制食物适合老人咀嚼、吞咽和消化。

3.5 饮食清淡，注意食品卫生。

3.6 食物摄入无法满足需要时，合理进行营养素补充。

4 老年人能量及主要营养素参考摄入量

老年人能量及主要营养素摄入量见表1—表3。

表1 能量和宏量营养素可接受范围

能量和宏量营养素	每日推荐摄入量/宏量营养素可接受范围							
	65岁—79岁				≥80岁			
	男		女		男		女	
	轻[a]	中[a]	轻[a]	中[a]	轻[a]	中[a]	轻[a]	中[a]
能量/(kcal/d)	2050	2350	1700	1950	1900	2200	1500	1750
蛋白质RNI/(g/d)	65		55		65		55	
总脂肪(%E[b])	20—30							
饱和脂肪酸(%E[b])	<10							
n—6多不饱和脂肪酸(%E[b])	2.5—9.0							
n—3多不饱和脂肪酸(%E[b])	0.5—2.0							
总碳水化合物(%E[b])	50—65							

能量和宏量营养素	每日推荐摄入量/宏量营养素可接受范围							
	65岁—79岁				≥80岁			
	男		女		男		女	
	轻[a]	中[a]	轻[a]	中[a]	轻[a]	中[a]	轻[a]	中[a]
添加糖(%E[b])	< 10							

a 身体活动水平。

b %E 表示占总能量的百分比。

表2　微量营养素参考摄入量

微量营养素	每日推荐摄入量/适宜摄入量			
	65岁—79岁		≥80岁	
	男	女	男	女
钙 RNI/(mg/d)	1000			
磷 RNI/(mg/d)	700		670	
钾 AI/(mg/d)	2000			
钠 AI/(mg/d)	1400		1300	
镁 RNI/(mg/d)	320		310	
氯 AI/(mg/d)	2200		2000	
铁 RNI/(mg/d)	12			
碘 AI/(μg/d)	120			
锌 AI/(mg/d)	12.5	7.5	12.5	7.5
硒 AI/(μg/d)	60			
铜 AI/(mg/d)	0.8			
氟 AI/(mg/d)	1.5			
铬 AI/(μg/d)	30			
锰 AI/(mg/d)	4.5			
钼 RNI/(μg/d)	100			
维生素 A RNI/(μgRAE[a]/d)	800	700	800	700
维生素 D RNI/(μg/d)	15			

微量营养素	每日推荐摄入量/适宜摄入量			
	65岁-79岁		≥80岁	
	男	女	男	女
维生素E AI/(mgα-TE[b]/d)	14			
维生素 K AI/(μg/d)	80			
维生素 B1 RNI/(mg/d)	1.4	1.2	1.4	1.2
维生素 B2 RNI/(mg/d)	1.4	1.2	1.4	1.2
维生素 B6 RNI/(mg/d)	1.6			
维生素 B12 RNI/(mg/d)	2.4			
泛酸 AI/(mg/d)	5			
叶酸 RNI/(μgDFE[c]/d)	400			
烟酸 RNI/(mgNE[d]/d)	14	11	13	10
胆碱 AI/(mg/d)	500	400	500	400
生物素 AI/(μg/d)	40			
维生素 C RNI(mg/d)	100			

a 视黄醇活性当量(RAE, μg) = 膳食或补充剂来源全反式视黄醇(μg) +1/2 补充剂纯品全反式 β-胡萝卜素(μg)+1/12 膳食全反式 β-胡萝卜素(μg)+1/24 其他膳食维生素A 原类胡萝卜素(μg)。

b α- 生育酚当量(α-TE, mg),膳食中总 α-TE 当量(mg)= 1 × α- 生育酚(mg)+0.5 × β- 生育酚(mg)+0.1 × γ- 生育酚(mg)+0.2 × δ-生育酚(mg)+0.3 × α-三烯生育酚(mg)。

c 烟酸当量(NE, mg) = 烟酸(mg) +1/60 色氨酸(mg)。

d 叶酸当量(DFE, μg) = 天然食物来源叶酸(μg)+1.7 × 合成叶酸(μg)。

表3　水和膳食纤维推荐摄入量

水和膳食纤维	每日推荐摄入量			
	65 岁–79 岁		≥80 岁	
	男	女	男	女
水总摄入量/(L/d)	3.0	2.7	3.0	2.7
饮水量/(L/d)	1.7	1.5	1.7	1.5
膳食纤维/(g/d)	25			

5　老年人食物选择

5.1　谷类为主,粗细搭配,适量摄入全谷物食品

保证粮谷类和薯类食物的摄入量。根据身体活动水平不同,每日摄入谷类男性250–300 g,女性200–250 g,其中全谷物食品或粗粮摄入量每日50–100 g,粗细搭配。

5.2　常吃鱼、禽、蛋和瘦肉类,保证优质蛋白质供应

平均每日摄入鱼虾及禽肉类食物50–100 g,蛋类25–50 g,畜肉(瘦)40–50 g。保证优质蛋白质占膳食总蛋白质供应量50%及以上。

5.3　适量摄入奶类、大豆及其制品

每日应摄入250–300 g鲜牛奶或相当量的奶制品。同时每日应摄入30–50 g的大豆或相当量的豆制品(如豆浆、豆腐、豆腐干等)。

5.4　摄入足量蔬菜、水果,多吃深色蔬菜

保证每日摄入足量的新鲜蔬菜和水果,注意选择种类的多样化,多吃深色的蔬菜以及十字花科蔬菜(如白菜、甘蓝、芥菜等)。每日蔬菜摄入推荐量为300–400 g,其中深色蔬菜占一半;每日水果摄入推荐量为100–200 g。

5.5 饮食清淡，少油、限盐

饮食宜清淡，平均每日烹调油食用量控制在20-25 g，尽量使用多种植物油。减少腌制食品，每日食盐摄入量不超过5.0 g。

5.6 主动饮水，以白开水为主

主动、少量多次饮水，以维持机体的正常需求。饮水量应随着年龄的增长有所降低，推荐每日饮水量在1.5-1.7 L，以温热的白开水为主。具体饮水量应该根据个人状况调整，在高温或进行中等以上身体活动时，应适当增加饮水量。

5.7 如饮酒，应限量

每日饮酒的酒精含量，男性不超过25 g，相当于啤酒750 mL，或葡萄酒250 mL，或38°白酒75 g，或高度白酒(38°以上)50 g；女性不超过15 g，相当于啤酒450 mL，或葡萄酒150 mL，或38°白酒50 g。患肝病、肿瘤、心脑血管疾病等老年人不宜饮酒，疾病治疗期间不应饮酒。

5.8 食物细软，少量多餐，保证充足食物摄入

食物应细软，切碎煮烂，不宜提供过硬、大块、过脆、骨/刺多的食物。通过烹调和加工改变食物的质地和性状，易于咀嚼吞咽。进餐次数宜采用三餐两点制，每餐食物占全天总能量：早餐20%-25%，上午加餐5%-10%，午餐30%-35%，下午加餐5%-10%，晚餐25%-30%。保证充足的食物摄入，每日非液体食物摄入总量不少于800 g。不同能量需求老年人推荐的食物摄入量参见附录A。

5.9 愉快进餐，饭菜新鲜卫生

营造温馨愉快的进餐环境和氛围，助餐点和养老院的老年人应集中用餐。需要时由家人、养护人员辅助或陪伴进餐。食物新

鲜卫生。

5.10 合理补充营养，预防营养不足

膳食摄入不足时，合理使用营养补充剂。对于存在营养不良或营养风险的老年人，在临床营养师或医生指导下，选用合适的特殊医学用途配方食品(医用食品)，每日1-2次，每次提供能量200-300 kcal、蛋白质10-12 g。

附录 A

(资料性附录)

不同能量需求老年人推荐的食物摄入量

不同能量需求老年人推荐的食物摄入量见表A.1。

表A.1 不同能量需求老年人推荐的食物摄入量

单位：g/d

能量	5.86 MJ (1400 kcal)	6.70 MJ (1600 kcal)	7.53 MJ (1800 kcal)	8.37 MJ (2000 kcal)	9.20 MJ (2200 kcal)
谷类	200	225	250	300	300
大豆类	30	30	30	40	40
蔬菜	300	400	400	450	500
水果	200	200	200	300	350
肉类	25	50	50	50	50
乳类	300	300	300	300	300
蛋类	25	25	25	25	50
水产品	50	50	50	75	100
烹调油	20	20	25	25	25
食盐	5	5	5	5	5

附录二　常用标志

1. 常见食品安全标志

食品安全标志　　绿色食品标志　　无公害农产品标志

2. 常见消防标志

当心火灾
——易燃物质

当心爆炸
——爆炸性物质

禁止携带托运
易燃及易爆物品

禁止烟火

禁止燃放鞭炮

火情警报设施

灭火器

紧急出口

疏散楼梯

3. 常见危险品标志

剧毒品标志

有害品标志

感染性物品标志

一级放射性物品标志

易燃液体标志

腐蚀品标志

4. 常见交通标志

注意信号灯

注意危险

当心落水

注意落石

此标志设在左/右侧有落石危险的傍山路段之前适当位置

注意非机动车

此标志设在混合行驶的道路并经常有非机动车横穿、出入的地点以前适当位置

禁止通行

表示禁止一切车辆和行人通行。此标志设在禁止通行的道路入口处

禁止行人进入

此标志设在禁止行人进入的路段入口处

禁止骑自行车上/下坡

此标志设在禁止骑自行车上/下坡通行的路段入口处

禁止非机动车进入

此标志设在禁止非机动车入行的路段入口处

人行横道

非机动车车道

非机动车行驶

5. 常见气象灾害预警信号

暴雨橙色预警信号

3小时内降雨量将达50毫米以上,或者已达50毫米以上且降雨可能持续

暴雨红色预警信号

3小时内降雨量将达100毫米以上,或者已达100毫米以上且降雨可能持续

暴雪橙色预警信号

6小时内降雪量将达10毫米以上,或者已达10毫米以上且降雪持续,可能或者已经对交通或者农牧业有较大影响

暴雪红色预警信号

6小时内降雪量将达15毫米以上,或者已达15毫米以上且降雪持续,可能或者已经对交通或者农牧业有较大影响

雷电橙色预警信号

2小时内发生雷电活动的可能性很大,或者已经受雷电活动影响,且可能持续,出现雷电灾害事故的可能性比较大

雷电红色预警信号

2小时内发生雷电活动的可能性非常大,或者已经有强烈的雷电活动发生,且可能持续,出现雷电灾害事故的可能性非常大

道路结冰红色预警信号

当路表温度低于0℃，出现降水，2小时内可能出现或者已经出现对交通有很大影响的道路结冰

台风蓝色预警信号

24小时内可能或者已经受热带气旋影响，沿海或者陆地平均风力达6级以上，或者阵风8级以上并可能持续

台风黄色预警信号

24小时内可能或者已经受热带气旋影响，沿海或者陆地平均风力达8级以上，或者阵风10级以上并可能持续

台风橙色预警信号

12小时内可能或者已经受热带气旋影响，沿海或者陆地平均风力达10级以上，或者阵风12级以上并可能持续

6. 常见禁止标志牌

附录三 常用应急电话

1. 公安报警电话 110
2. 消防报警电话 119
3. 医疗急救电话 120
4. 交通事故报警电话 122

参考文献

[1] 高开华. 当代大学生安全知识读本. 合肥:中国科学技术大学出版社,2009.

[2] 洪昭光. 生活方式与身心健康[M]. 武汉:湖北人民出版社,2002.

[3] 广东省老干部大学. 老年积极心理健康手册[M]. 广东:广东教育出版社,2018.

[4] 国家体育总局,中华全国体育总会,国家体育总局体育科学研究所. 科学健身18法,科学锻炼你我他[Z/OL].(2020-01-30)[2021-02-22]. http://www. ciss. cn/kxcb/yqfk2020/202001/t20200130_541540.html.

[5] 中华人民共和国卫生和计划委员会. 老年人膳食指导:WS/T 556-2017[S/OL].(2017-08-01)[2021-02-22]. http://www.gxcdc.com/uploadfile/2018/0705/20180705043438231.pdf.

[6] 中国灾害防御协会. 市民公共安全应急指南[M]. 北京:北京大学出版社,2006.